Vorwort

Am 1. August 2013 trat die neue Verordnung vom 2. April 2013 über die Berufsausbildung zum Fertigungsmechaniker und zur Fertigungsmechanikerin in Kraft.

Die PAL erstellt in Zusammenarbeit mit einem paritätisch besetzten Fachausschuss und einem Arbeitskreis die Abschlussprüfungen Teil 1 und Teil 2.

Die Zeitrahmenmethode und das Lernfeldkonzept unterstützen dabei die Zusammenarbeit der Ausbildungsbetriebe mit den Berufsschulen, um den/die Auszubildene(n) so zu einem/einer handlungs- und prozesskompetenten Facharbeiter/-in ausbilden zu können.

Die Ergebnisse der Abschlussprüfung Teil 1 und der Abschlussprüfung Teil 2 bilden das Gesamtergebnis.

Die vorliegende Musterprüfung ist ein Beispiel für eine Abschlussprüfung Teil 1. Sie soll zur Orientierung der Ausbilder/-innen, Auszubildenden und der Prüfungsausschüsse dienen.

Abschließend möchten wir den Firmen und Bildungseinrichtungen danken, die uns u. a. durch die Freistellung der Fachausschuss-Mitglieder und der Arbeitskreis-Mitglieder unterstützt haben. Ebenso sei den Personen gedankt, welche durch ihre Hilfe beim Entwurf und Nachbau sowie durch ihren außerordenlichen Einsatz zum Gelingen des Leitfadens für die Abschlussprüfung Teil 1 beigetragen haben.

Haben Sie Anregungen oder Kritik?

Dann wenden Sie sich bitte an:

PAL – Prüfungsaufgaben- und
Lehrmittelentwicklungsstelle
Industrie- und Handelskammer
Region Stuttgart
Jägerstraße 30, 70174 Stuttgart
Postfach 10 24 44, 70020 Stuttgart
Telefon 0711 2005-0
Telefax 0711 2005-1830
www.ihk-pal.de
pal@stuttgart.ihk.de

Inhaltsverzeichnis

Gestreckte Abschlussprüfung Teil 1

1 Allgemein

Die handlungs- und prozessorientierte Ausbildung orientiert sich an dem Modell der vollständigen Handlung. Das Modell der vollständigen Handlung ist von den Arbeitswissenschaftlern zur Beurteilung der Qualität von Arbeitsanforderungen entwickelt worden.

Das Modell umfasst sechs Zyklen:

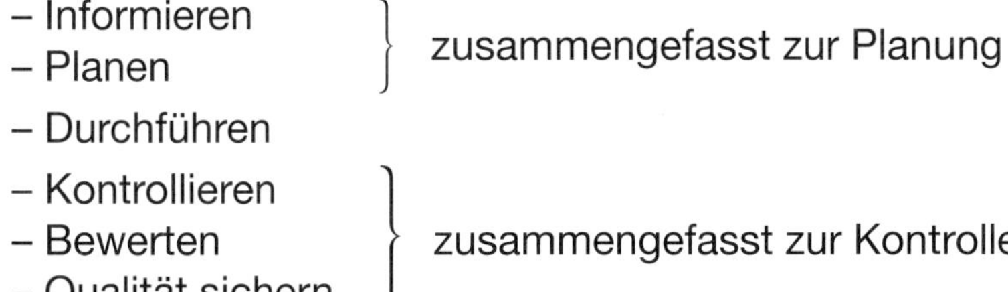

- Informieren
- Planen } zusammengefasst zur Planung
- Durchführen
- Kontrollieren
- Bewerten } zusammengefasst zur Kontrolle
- Qualität sichern

Diese Zyklen werden durch einen Handlungskreis dargestellt. Dadurch soll deutlich gemacht werden, dass die Inhalte der Zyklen immer wieder abgearbeitet werden müssen.

Ziel der handlungsorientieren Ausbildung ist die Vermittlung von Handlungskompetenz. Die meisten neueren Ausbildungsordnungen definieren Handlungskompetenz als die Fähigkeit zum selbstständigen Planen, Durchführen und Kontrollieren von Aufträgen. Die Fähigkeit zur selbstständigen Planung, Durchführung und Kontrolle unterscheidet Fachkräfte von Anlernkräften.

Die Selbstständigkeit ist das verbindliche Ausbildungsziel. Diese soll durch selbstständiges Lernen vermittelt werden. Die Selbstlernkompetenz der Fachkräfte ist die Voraussetzung für die Bewältigung des technischen und organisatorischen Wandels in unserer Arbeitswelt.

Prozessorientierte Ausbildung ist dadurch gekennzeichnet, dass keine einzelnen Fachqualifikationen vorgegeben werden, sondern Arbeitsprozesse. Es müssen die für den Arbeitsprozess notwendigen Qualifikationen entsprechend dem jeweils aktuellen Stand der Technik vermittelt werden.

Die moderne Arbeitswelt erfordert von dem/der zukünftigen Facharbeiter/-in folgende Fähigkeiten:

- Planen und Organisieren der Arbeitsabläufe
- Auswahl von geeigneten Fertigungsverfahren
- Arbeitsdurchführung
- Arbeitsdurchführung und -ergebnisse feststellen, dokumentieren und bewerten
- Berücksichtigung betriebswirtschaftlicher, sicherheitstechnischer und ökologischer Gesichtspunkte
- betriebliche und technische Kommunikation, Arbeiten in Teams sowie Kundenorientierung

Im Rahmen der dualen Berufsausbildung auf der Grundlage dieser Ausbildungsregelung ist die Berufsschule Partner und mitverantwortlich für eine qualifizierte und qualifizierende Berufsausbildung.

Die Abschlussprüfung besteht aus zwei zeitlich auseinanderfallenden Teilen 1 und 2. Durch die Abschlussprüfung ist festzustellen, ob der Prüfling die berufliche Handlungsfähigkeit erworben hat.

In der Abschlussprüfung soll der Prüfling nachweisen, dass er die dafür erforderlichen Fertigkeiten beherrscht, die notwendigen beruflichen Kenntnisse und Fähigkeiten besitzt und mit dem im Berufsschulunterricht vermittelten, für die Berufsausbildung wesentlichen Lehrstoff vertraut ist.

Für die Bewältigung der täglichen Arbeit muss sich der/die zukünftige Facharbeiter/-in Informationen beschaffen und diese auswerten, sie zu einem Arbeitsplan zusammenfassen, die richtigen Entscheidungen treffen. Weiterhin führt er/sie die notwendigen Arbeiten unter Beachtung von Sicherheitsvorkehrungen durch und kontrolliert und bewertet die Ergebnisse, stellt eventuelle Mängel fest und sucht nach Verbesserungsmöglichkeiten. Die durchgeführten Tätigkeiten werden, zum Beispiel durch ein Prüfprotokoll, dokumentiert. Am Ende der Tätigkeit muss das Produkt dem Kunden (Prüfungsausschuss) übergeben werden.

1.1 Ziel der Abschlussprüfung Teil 1

In der Abschlussprüfung Teil 1 wird festgestellt, ob der Prüfling diese erforderlichen Qualifikationen erworben hat, die in seiner Ausbildung bis zu diesem Zeitpunkt relevant sind.

1.1.1 Komplexer Arbeitsauftrag

Bei dem komplexen Arbeitsauftrag handelt es sich um eine Aufgabenstellung, bei der die zwei in der Verordnung explizit aufgeführten Instrumente

- Schriftliche Aufgabenstellungen
- Praktische Aufgabenstellung: Herstellen einer funktionsfähigen Baugruppe

in engem thematischem und zeitlichem Bezug zueinander angewandt werden.
Die Aufgaben werden durch den zuständigen PAL-Fachausschuss im Sinne des vollständigen Handlungszyklus erarbeitet.

1.2 Schriftliche Aufgabenstellungen

Die in der Ausbildungsverordnung vorgegebene Zeit von 90 min wird ausgeschöpft. Die schriftlichen Aufgabenstellungen beinhalten 20 gebundene und 8 ungebundene Aufgaben. Diese projektbezogenen Aufgaben sind entsprechend der Aufgabenstellung zu beantworten.
Aufgrund des thematischen Zusammenhangs ist es sinnvoll, die 90-minütigen schriftlichen Aufgabenstellungen und die 6,5-stündige Arbeitsaufgabe in einem engen zeitlichen Zusammenhang durchzuführen.
Es wird mit der Durchführung der schriftlichen Aufgabenstellungen an einem festgelegten Tag begonnen. Im Anschluss daran erfolgt die Durchführung der praktischen Aufgabenstellung an einem gesonderten Tag.

1.3 Praktische Aufgabenstellung

Die in der Ausbildungsverordnung vorgegebene Zeit von 6,5 h wird voll ausgeschöpft. Die praktische Aufgabe besteht aus den Bereichen Information und Planung, Durchführung und Kontrolle.

Der Prüfling soll anhand des Arbeitsblatts „Beschreibung der Arbeitsaufgabe“, der Zeichnung(-en) und der Bereitstellungsunterlagen die funktionsfähige Baugruppe entsprechend den geforderten Kriterien selbstständig anfertigen. In dem Bereich Information und Planung soll er sich in die praktische Aufgabe einarbeiten, anschließend im Bereich Durchführung die Baugruppe herstellen und im Bereich Kontrolle die Qualität der gefertigten Baugruppe feststellen.
Der Prüfling soll Prüfverfahren und Prüfmittel auswählen und anwenden sowie die Ergebnisse dokumentieren und bewerten.

1.4 Ergebnisfeststellung

Das Ergebnis der Abschlussprüfung Teil 1 fließt mit 40 % in das Gesamtergebnis der gestreckten Abschlussprüfung ein. Somit ist die Abschlussprüfung Teil 1 keine selbstständige Teilprüfung, sondern Teil der Gesamtprüfung.

Die Abschlussprüfung Teil 2 wird am Ende der Ausbildungszeit durchgeführt und bezieht sich auf die während der gesamten Ausbildungszeit zu vermittelnden Qualifikationen.

Qualifikationen, die bereits Gegenstand von Teil 1 der Abschlussprüfung gewesen sind, sollen in Teil 2 der Abschlussprüfung nur insoweit einbezogen werden, wie es die Feststellung der Berufsfähigkeit erfordert.

In der Ausbildungsverordnung sind die Prüfungsbereiche wie folgt gewichtet:

1. Prüfungsbereich Herstellen einer funktionsfähigen Baugruppe inkl. schriftlicher Aufgabenstellung	40 Prozent	AP-Teil 1
2. Prüfungsbereich Montageauftrag	30 Prozent	AP-Teil 2
3. Prüfungsbereich Auftrags- und Funktionsanalyse	10 Prozent	
4. Prüfungsbereich Montagetechnik	10 Prozent	
5. Prüfungsbereich Wirtschafts- und Sozialkunde	10 Prozent	

Die Abschlussprüfung ist bestanden, wenn die Leistungen

1. im Gesamtergebnis von Teil 1 und Teil 2 mit mindestens „ausreichend",
2. im Prüfungsbereich „Montageauftrag" mit mindestens „ausreichend",
3. im Ergebnis von Teil 2 der Abschlussprüfung mit mindestens „ausreichend",
4. in mindestens zwei der übrigen Prüfungsbereiche von Teil 2 mit mindestens „ausreichend" und
5. in keinem Prüfungsbereich von Teil 2 der Abschlussprüfung mit „ungenügend"

bewertet worden sind.

Da in der Verordnung für die Abschlussprüfung Teil 1 keine Mindestbestehensregelung erlassen wurde, ist eine Wiederholung von Teil 1 vor Ablegen von Teil 2 auch bei mangelhaften oder ungenügenden Leistungen ausgeschlossen.

Eine Gliederung der gestreckten Abschlussprüfung mit der Aufteilung in Teil 1 und Teil 2 sowie den Gewichtungen, der Aufgabenanzahl und den Vorgabezeiten finden Sie auf den Seiten 43 (Seite 3 im Hinweisheft) und 50 (Seite 2 in den Bereitstellungsunterlagen für den Ausbildungsbetrieb).

Industrie- und Handelskammer

Abschlussprüfung Teil 1

Fertigungsmechaniker/-in

Verordnung vom 2. April 2013

Berufs-Nr. 0596

Schriftliche Aufgabenstellungen

Hinweise für die Kammer

Musterprüfung

M 0596 R

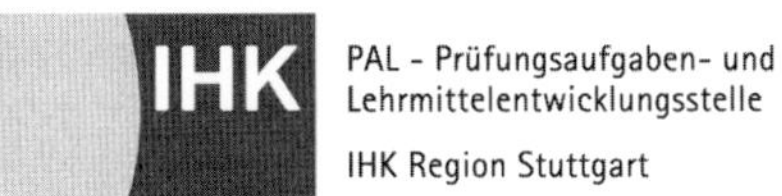

PAL - Prüfungsaufgaben- und Lehrmittelentwicklungsstelle
IHK Region Stuttgart

Prüfungsaufgabensatz

Der Prüfungsaufgabensatz für die Schriftlichen Aufgabenstellungen besteht aus folgenden Unterlagen:

1	**Allgemein**	
1.1	Hinweise für die Kammer (vorliegendes Blatt)	rot
1.2	Hinweise für den Prüfling	weiß
1.3	Stellungnahme des Prüfungsausschusses (Zugangsdaten erhalten Sie über Ihre zuständige Industrie- und Handelskammer/Handwerkskammer)	Onlineformular
2	**Lösungsschablonen/-vorschläge für den Prüfungsausschuss**	
2.1	Lösungsschablone Schriftliche Aufgabenstellungen Teil A	
2.2	Heft Lösungsvorschläge mit - Schriftliche Aufgabenstellungen Teil B	

Die Lösungsschablonen der gebundenen Aufgaben und die Lösungsvorschläge der ungebundenen Aufgaben werden am Tag der Prüfung bereitgestellt.

3	**Schriftliche Aufgabenstellungen**	
3.1	Aufgabenheft Schriftliche Aufgabenstellungen Teil A	weiß
3.2	Aufgabenheft Schriftliche Aufgabenstellungen Teil B	weiß
3.3	Anlage(n): 3 Blatt im Format A4 für Teil A und Teil B	weiß
3.4	Markierungsbogen	grau-weiß

Internet: www.ihk-pal.de
M 0596 R

In der Abfolge der Prüfungsdurchführung ist es aufgrund des thematischen Zusammenhangs sinnvoll, die 90-minütige schriftliche Aufgabenstellung und die 6,5-stündige praktische Aufgabenstellung in einem engen zeitlichen Zusammenhang durchzuführen.

Aufgrund der in der Verordnung vorgegebenen Zeit von 90 Minuten für die schriftlichen Aufgaben wurde festgelegt, dass in Teil 1 der gestreckten Abschlussprüfung 20 gebundene und 8 ungebundene Aufgaben gestellt werden. Von diesen kann keine abgewählt werden.

Durch die geforderte Handlungs- und Prozessorientierung ist die Mehrzahl der Aufgaben in Form der thematischen Klammer dargestellt.

Anhand der schriftlichen Aufgabenstellungen wird ermittelt, ob der Prüfling die notwendigen beruflichen Kenntnisse besitzt und ob er mit dem im Berufschulunterricht vermittelten Lehrstoff (Lernfelder 1 bis 6) vertraut ist. Es werden dabei auch Aufgaben zu den Themengebieten der Technischen Mathematik und der Technischen Kommunikation (z. B. Zeichnungslesen) gestellt.

Bei den vorgegebenen Lösungen der gebundenen Aufgaben ist jeweils nur eine der fünf Auswahlantworten richtig. Es darf deshalb nur ein Kreuz gemacht werden. Die Ergebnisse der einzelnen Aufgaben sind vom Prüfling in den beigelegten grau-weißen Markierungsbogen in die dafür vorgesehenen Felder zu übertragen. Sind dort mehrere Lösungen angekreuzt, gilt die Aufgabe als nicht gelöst. Nur der ausgefüllte Markierungsbogen dient zur Ermittlung der Prüfungsleistungen bei den gebundenen Aufgaben.
Für die ungebundenen Aufgaben wird vom Fachausschuss ein Lösungsvorschlag bereitgestellt. Zur Bewertung der Prüfungsaufgaben sind auch andere Lösungsvarianten möglich. Sinngemäß richtige Lösungen sind voll zu bewerten.

Die erreichten Punkte sind mit einem Divisor zu verrechnen. Der Divisor ist auf der Lösungsschablone angegeben und dient zur Umrechnung der Prüfungsleistung in den üblichen „100-Punkte-Schlüssel“.

Die Ergebnisse der schriftlichen und praktischen Aufgabenstellungen tragen jeweils zur Hälfte zum Ergebnis der Abschlussprüfung Teil 1 bei.

In dieser Musterprüfung sind exemplarisch schriftliche Aufgabenstellungen abgebildet.

Industrie- und Handelskammer

Abschlussprüfung Teil 1

Fertigungsmechaniker/-in

Verordnung vom 2. April 2013

Berufs-Nr. 0596

Schriftliche Aufgabenstellungen

Hinweise für den Prüfling

Musterprüfung

M 0596 K

PAL - Prüfungsaufgaben- und Lehrmittelentwicklungsstelle
IHK Region Stuttgart

Prüfungsaufgabensatz

Der Prüfungsaufgabensatz für die Schriftlichen Aufgabenstellungen besteht aus folgenden Unterlagen:

Gesamtzeichnung, Blatt 1(3)	weiß
Einzelteilzeichnungen, Blatt 2(3) und 3(3)	weiß
Schriftliche Aufgabenstellungen Teil A	weiß
Schriftliche Aufgabenstellungen Teil B	weiß
Markierungsbogen	grau-weiß

Bitte beachten!

Am Ende der Vorgabezeit von 90 min müssen Sie alle Dokumente der Prüfungsaufsicht übergeben.

M 0596 K

Industrie- und Handelskammer

Abschlussprüfung Teil 1

Fertigungsmechaniker/-in

Verordnung vom 2. April 2013

Berufs-Nr. 0596

Schriftliche Aufgabenstellungen

Teil A

Musterprüfung

M 0596 K1

PAL - Prüfungsaufgaben- und Lehrmittelentwicklungsstelle

IHK Region Stuttgart

Vorgabezeit: Insgesamt 90 min für Teil A und Teil B

Hilfsmittel: Tabellenbuch, Formelsammlung, Zeichenwerkzeuge und nicht programmierter, netzunabhängiger Taschenrechner ohne Kommunikationsmöglichkeit mit Dritten

Sehr geehrter Prüfling!

Bevor Sie mit der Bearbeitung der Aufgaben beginnen, lesen Sie bitte **sorgfältig** die folgenden Hinweise!

1 Allgemeines

Der Aufgabensatz für die **Schriftlichen Aufgabenstellungen** besteht aus:

- Teil A mit 20 gebundenen Aufgaben (also mit vorgegebenen Auswahlantworten)
- Teil B mit 8 ungebundenen Aufgaben (die Sie mit Ihren eigenen Worten beantworten müssen)
- Anlage(n): 3 Blatt im Format A4 für Teil A und Teil B
- Markierungsbogen (grau-weiß)

Sie können die beiden Teile in beliebiger Reihenfolge bearbeiten.

Für die Ermittlung Ihrer Prüfungsleistungen werden der grau-weiße Markierungsbogen von Teil A und das Aufgabenheft Teil B gegebenenfalls mit Anlage(n) zugrunde gelegt.

Am Ende der Vorgabezeit von 90 min müssen Sie alle Dokumente der Prüfungsaufsicht übergeben.

Bei zeichnerischen Darstellungen gilt die Projektionsmethode 1 ( ).

2 Hinweise für Teil A

Tragen Sie bitte vor Beginn der Bearbeitung der Aufgaben in den Kopf des **grau-weißen Markierungsbogens** ein:

- Die Prüfungsart und den Prüfungstermin
- Falls bekannt, die Nummer Ihrer Industrie- und Handelskammer (nicht unbedingt erforderlich)
- Die Ihnen mit der Einladung zur Prüfung mitgeteilte Prüflingsnummer
- Die auf der Titelseite dieses Aufgabenhefts aufgedruckte Berufsnummer
- Ihren Vor- und Familiennamen und den Ausbildungsbetrieb
- Ihren Ausbildungsberuf
- Das/den Prüfungsfach/-bereich „Schriftliche Aufgabenstellungen"
- Die Projekt-Nr. „01"

Sind diese Angaben bereits eingedruckt, prüfen Sie diese auf Richtigkeit.

Prüfen Sie danach, ob dieses Heft 20 Aufgaben enthält. Informieren Sie bei Unstimmigkeiten **sofort** die Prüfungsaufsicht! **Reklamationen nach dem Schluss der Prüfung werden nicht anerkannt!**

Von den vorgegebenen 20 gebundenen Aufgaben müssen Sie alle bearbeiten.

Bei den gebundenen Aufgaben in diesem Heft ist jeweils nur **eine** der 5 Auswahlantworten richtig. Sie dürfen deshalb nur **eine** ankreuzen. Kreuzen Sie mehr als eine an, gilt die Aufgabe als **nicht** gelöst!

Lesen Sie die Aufgabenstellung und die Auswahlantworten sorgfältig durch. Kreuzen Sie erst dann im Markierungsbogen die Ihrer Meinung nach richtige Auswahlantwort an.

Zum Ankreuzen im Markierungsbogen müssen Sie unbedingt einen Kugelschreiber verwenden, damit Ihre Kreuze eindeutig erkennbar sind, **auch auf dem Durchschlag.**

Sollten Sie versehentlich ein Kreuz in ein falsches Feld gesetzt haben, machen Sie dieses unkenntlich und setzen Sie ein neues Kreuz an die richtige Stelle, wie es das nebenstehende Beispiel zeigt.

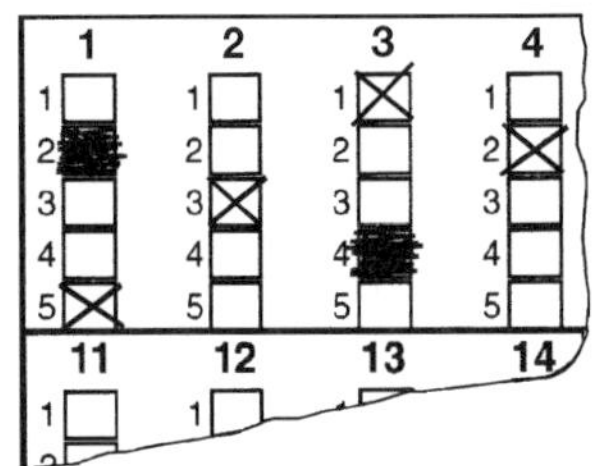

Falls Sie zum Ermitteln des Ergebnisses einer gebundenen Aufgabe Aus- und/oder Nebenrechnungen ausführen, verwenden Sie dazu bitte das dafür vorgesehene Feld.

3 Hinweise für Teil B

Siehe Seite 2 von Teil B

Ihre Industrie- und Handelskammer wünscht Ihnen viel Erfolg!

M 0596 K1

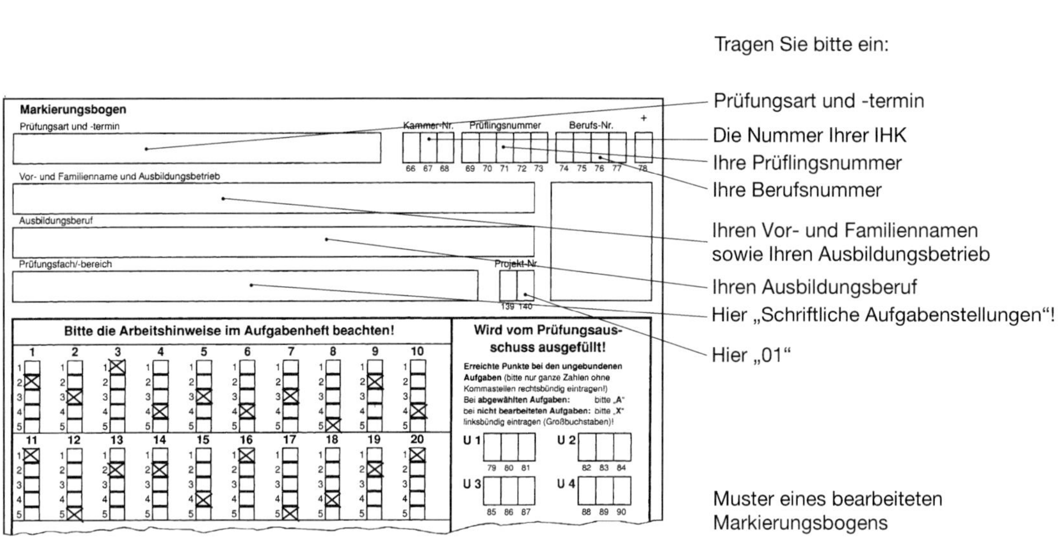

Muster eines bearbeiteten Markierungsbogens

Bitte beachten Sie:

Sie bekommen den Auftrag, die auf der Gesamtzeichnung Blatt 1(3) dargestellte Baugruppe herzustellen.

Arbeiten Sie sich in die Zeichnungen Blatt 1(3) bis 3(3) ein und bearbeiten Sie dann die Aufgaben.

1

Für die Herstellung der Baugruppe kommt unter anderem ein legierter Stahl zum Einsatz. Welche Aussage über Legierungen ist richtig?

(1) Legierungen können nur aus Eisenwerkstoffen hergestellt werden.

(2) Legierungen können nur aus einem Nichteisenmetall und einem Nichtmetall hergestellt werden.

(3) Legierungen haben meist andere Eigenschaften als die einzelnen Legierungsbestandteile.

(4) Legierungen bestehen aus mindestens drei verschiedenen Elementen.

(5) Legierungen sind nichtmetallische Werkstoffe.

2

In welcher Auswahlantwort sind nur Eigenschaften genannt, die für den Einsatz des Automatenstahls für die Antriebswelle (Pos.-Nr. 8) maßgebend sind?

(1) Schweißbarkeit, Elastizität, Härtbarkeit

(2) Zerspanbarkeit, Spanbrüchigkeit

(3) Festigkeit, Zähigkeit, Schweißbarkeit

(4) Spanbrüchigkeit, Schweißbarkeit

(5) Zerspanbarkeit, Härtbarkeit, Elastizität

3

Die Antriebswelle (Pos.-Nr. 8) wird auf einer Drehmaschine gefertigt. Welche Behauptung über den Spanwinkel eines Drehmeißels ist richtig?

(1) Die Größe des Spanwinkels beeinflusst die Spanform und die Spanart.

(2) Bei kleinem Spanwinkel fließt der Span besser ab.

(3) Ein negativer Spanwinkel ist für Kupferlegierungen besonders geeignet.

(4) Der Spanwinkel beträgt immer 30°.

(5) Bei großem Spanwinkel ist der Schneidkeil besonders stabil.

4

In der Grundplatte (Pos.-Nr. 1) wurden die Kernlochbohrungen für die Gewinde M5 mit einem Spiralbohrer ∅ 4,5 gebohrt. Welchen Einfluss hat dies auf die Qualität des Gewindes?

1. Die Gewindeflanken sind zu kurz. Die übertragbare Kraft wird dadurch geringer.
2. Der Innendurchmesser des Gewindes ist zu klein; eingedrehte Schrauben klemmen.
3. Das Gewinde wird unrund.
4. Die Gewindeflanken sind rissig, da der Gewindebohrer geklemmt hat.
5. Der erste Gewindegang ist unsauber, da der Gewindebohrer schlecht eingreifen konnte.

5

Im Pleuel (Pos.-Nr. 6) muss mit einem Spiralbohrer eine Bohrung ∅ 5,1 mm gefertigt werden.
Welche Drehzahl n (in min^{-1}) ist bei einer Schnittgeschwindigkeit v_c von 20 m/min an einer stufenlos einstellbaren Bohrmaschine einzustellen?

1. $n = 240\ min^{-1}$
2. $n = 550\ min^{-1}$
3. $n = 900\ min^{-1}$
4. $n = 1200\ min^{-1}$
5. $n = 1500\ min^{-1}$

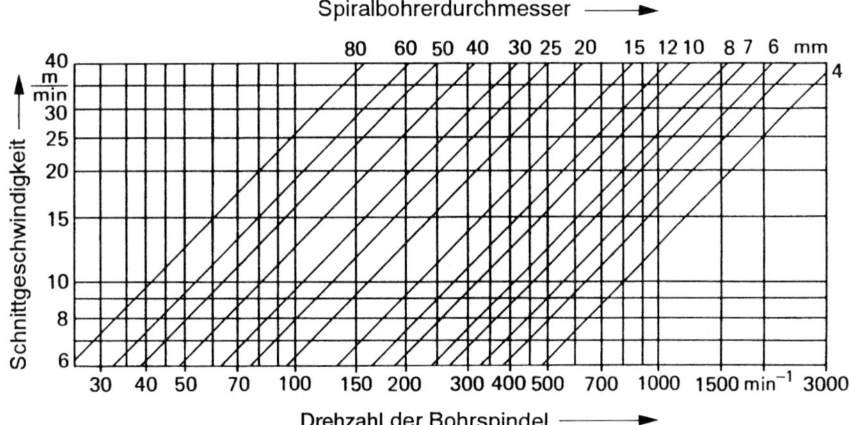

6

Welche Verhaltensweise verstößt gegen die Unfallverhütungsvorschriften?

1. Beim Arbeiten an Fräsmaschinen Sicherheitsschuhe tragen
2. Beim Arbeiten an Drehmaschinen weite Kleidung tragen
3. Beim Transport und der Handhabung scharfkantiger Werkstücke Handschuhe tragen
4. Beim Arbeiten an Schleifmaschinen eine Schutzbrille tragen
5. Beim Feststellen von Mängeln an Maschinen und anderen Arbeitsgeräten diese sofort dem Vorgesetzten melden

7

Am Schieber (Pos.-Nr. 7) kontrollieren Sie das Maß 30 –0,1 mm. Welche Behauptung über das „Messen“ ist richtig?

1. Messen ist das Vergleichen einer Länge mit einem anzeigenden Messgerät oder einer Maßverkörperung.
2. Messen ist das Ermitteln von absolut genauen Maßen.
3. Messen ist das Überprüfen einer Maßtoleranz mit einer Lehre.
4. Messen ist das Ermitteln von Nennmaßen mit gesetzlich vorgeschriebenen Maßstäben.
5. Messen ist das Vergleichen eines Prüfgegenstands mit einer Lehre.

4 M 0596 K1 -pk-weiß-171014

8

Was ist beim Biegen von Blechen zu beachten?

1. Dass die Spannung im Werkstoff erhalten bleibt
2. Dass der Biegewinkel 2 bis 3 Grad größer eingestellt wird, um ein Rückfedern aufzufangen
3. Dass an den Biegekanten kleine Kerben als Markierung vorhanden sind, damit das Einspannen erleichtert wird
4. Dass der Anriss der Biegelinie deutlich sichtbar ist
5. Dass nur harte Stahlbleche scharfkantig gebogen werden dürfen

9

Im Wartungsplan der Drehmaschine ist der Schmierstoff CL 100 angegeben. Um welchen Schmierstoff handelt es sich?

1. Schmierfett für Getriebe
2. Festschmierstoff Grafit für Lager
3. Hydrauliköl
4. Esteröl für Lagerstellen
5. Schmieröl für Umlaufschmierung

10

Wie groß ist die gestreckte Länge L (in mm) des skizzierten Biegeteils? Berechnung mithilfe der neutralen Faser.

1. L = 274,2 mm
2. L = 288,7 mm
3. L = 300,3 mm
4. L = 308,5 mm
5. L = 312,9 mm

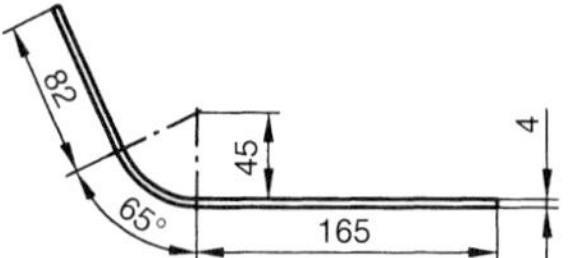

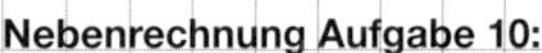
Nebenrechnung Aufgabe 10:

11

Zur Vorbereitung auf die Zerspanung soll die zur Verfügung stehende Drehmaschine gewartet werden. Welche Aufgaben gehören zur Wartung?

1. Reinigen der Schutzbrille, Putzen der Arbeitsschuhe
2. Späne von Gleitbahnen und Spindeln entfernen, Werkzeuge säubern
3. Schutzkleidung reinigen, Werkzeuge reinigen
4. Dreibackenfutter entfernen, Späne von Gleitbahnen entfernen
5. Ölstand kontrollieren, Maschine abschmieren

12

Welche Wirkungen des elektrischen Stroms treten im Elektromotor der Bohrmaschine auf?

1. Nur die Wärmewirkung
2. Wärmewirkung und chemische Wirkung
3. Nur die magnetische Wirkung
4. Magnetische Wirkung und Wärmewirkung
5. Nur die chemische Wirkung

13

Wie groß ist die Stirnfläche A (in mm^2) der dargestellten Abschlussplatte (Pos.-Nr. 2)?

1. $A = 2822{,}14\ mm^2$
2. $A = 2823{,}45\ mm^2$
3. $A = 2864{,}55\ mm^2$
4. $A = 2880{,}00\ mm^2$
5. $A = 2921{,}10\ mm^2$

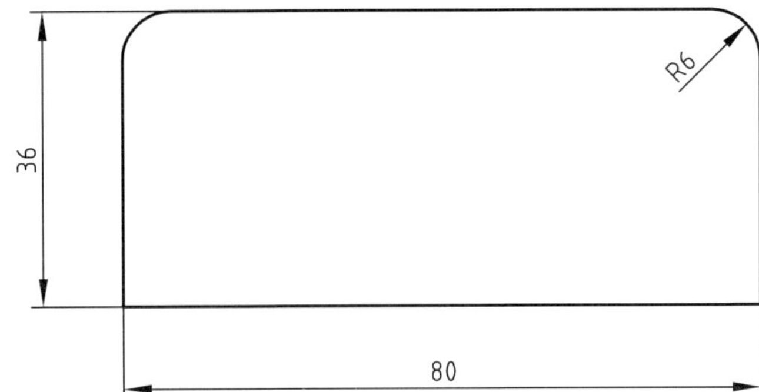

Nebenrechnung Aufgabe 13:

14

Welche Aussage über die Zylinderschraube (Pos.-Nr. 12) ist richtig?

1. Die Zylinderschraube hat einen Kerndurchmesser von 8,8 mm.
2. Die Zylinderschraube hat eine Mindestzugfestigkeit von $R_m = 880\ N/mm^2$.
3. Die Zylinderschraube hat eine Bruchdehnung von 8,8 %.
4. Die Zylinderschraube hat eine Streckgrenze von $R_e = 640\ N/mm^2$.
5. Die Zylinderschraube hat eine Streckgrenze von $R_e = 800\ N/mm^2$.

15

Von welchem der genannten Faktoren ist die Belastbarkeit einer Klebeverbindung abhängig?

1. Vom Lösungsmittelgehalt des Klebstoffs
2. Von der Vorbehandlung der Klebeflächen
3. Von der Dichte des Klebstoffs
4. Von der Viskosität des Klebstoffs
5. Von der Lagerfähigkeit des Klebstoffs

16

Warum ist das Gewinde an der Antriebswelle (Pos.-Nr. 8) mit einem Gewindefreistich versehen?

1. Um eine Sollbruchstelle zu schaffen
2. Um die Stabilität des Gewindes zu erhöhen
3. Um ein bündiges Anliegen der Antriebsscheibe (Pos.-Nr. 9) zu ermöglichen
4. Aus optischen Gründen
5. Um eine ausreichende Oberflächengüte zu gewährleisten

17

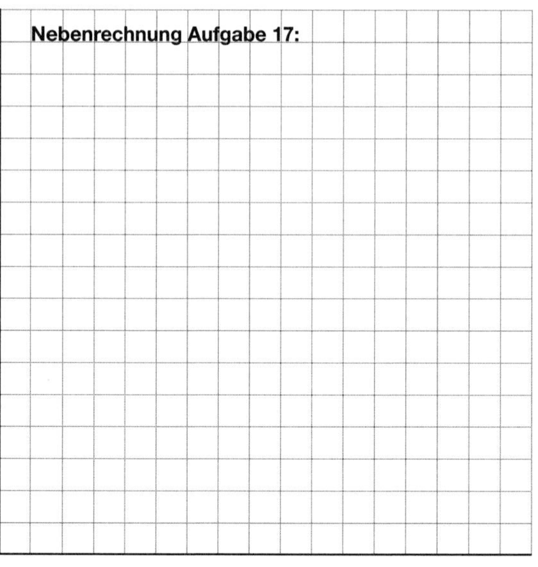

Ein Facharbeiter erhält einen Stundenlohn von 11,34 EUR bei 38,5 h pro Arbeitswoche. In einer Woche arbeitet er an 5 Tagen jeweils 2 Stunden mehr. Für die ersten 5 Überstunden erhält er einen Zuschlag von 25 %, für jede weitere Überstunde erhält er einen Zuschlag von 35 %. Wie hoch ist in dieser Woche der Wochen-Bruttolohn (in EUR)?

(1) 436,59 EUR

(2) 507,46 EUR

(3) 513,14 EUR

(4) 584,01 EUR

(5) 612,36 EUR

18

Welches Bild zeigt die richtige Ansicht in Pfeilrichtung des räumlich dargestellten Schiebers (Pos.-Nr. 7)?

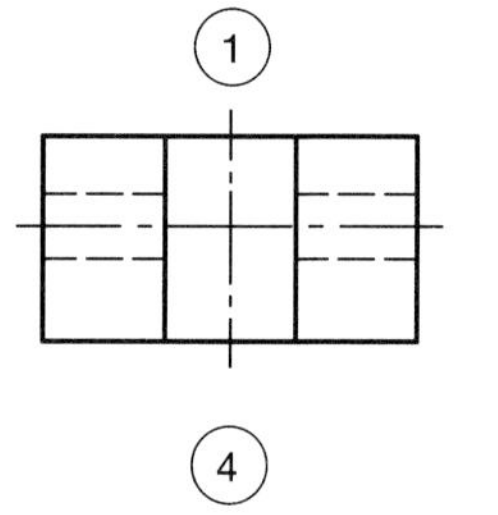

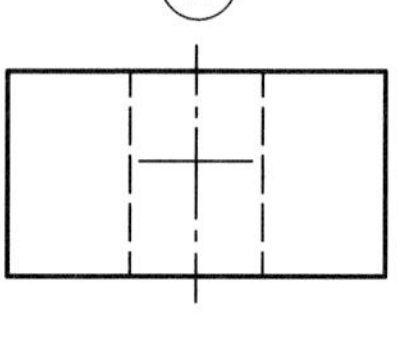

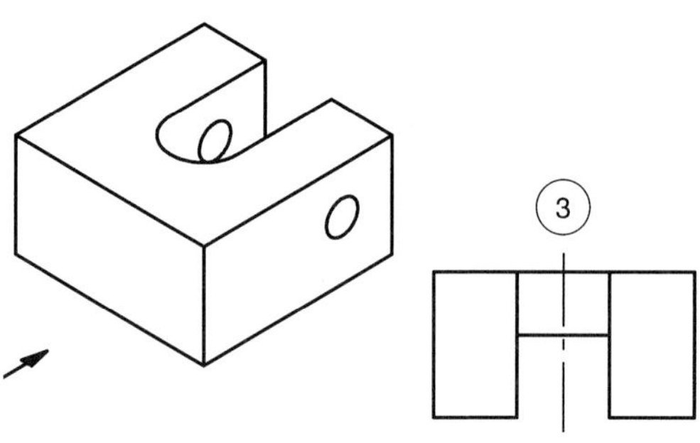

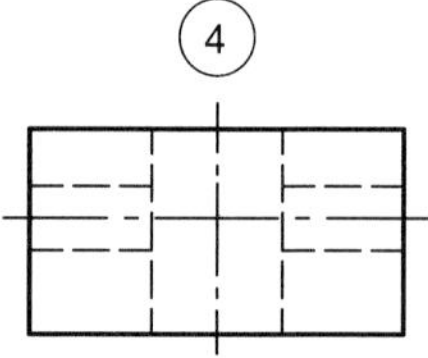

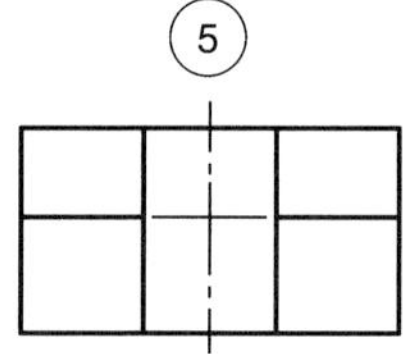

19

Welche Steuerungsart zeigt der Schaltplan?

(1) Wegplansteuerung

(2) Geschwindigkeitssteuerung

(3) Kaskadensteuerung

(4) Zweihandsteuerung

(5) Zeitplansteuerung

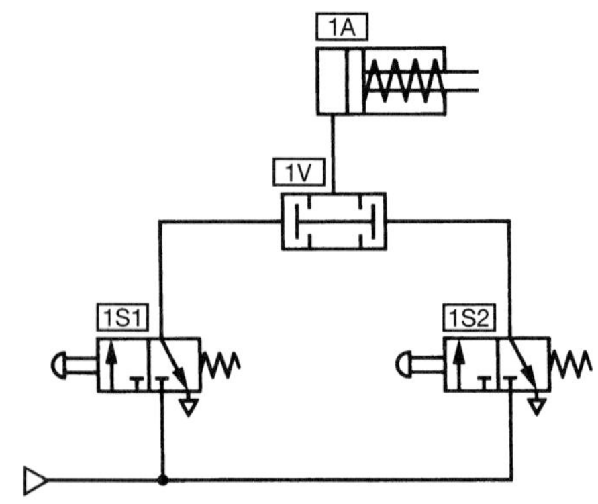

20

Welches der genannten Bauteile ist in dieser Steuerung enthalten?

1. Zweidruckventil
2. Wechselventil
3. 5/2-Wegeventil
4. Schnellentlüftungsventil
5. Einfachwirkender Zylinder

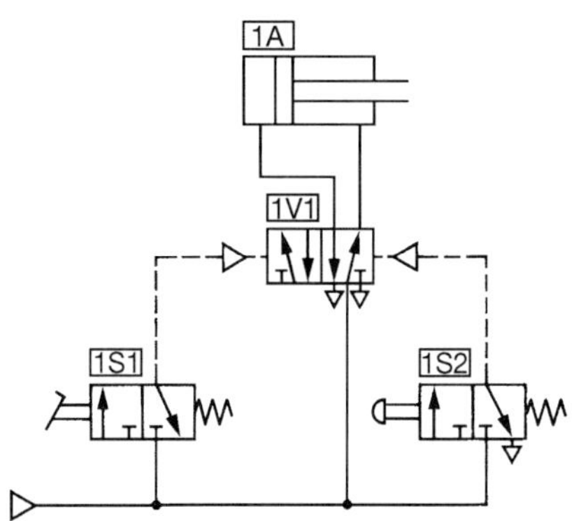

Markierungsbogen
Prüfungsart und -termin
Kammer-Nr. Prüflingsnummer Berufs-Nr.
66 67 68 69 70 71 72 73 74 75 76 77 78
Vor- und Familienname und Ausbildungsbetrieb
Ausbildungsberuf
Prüfungsfach/-bereich
Projekt-Nr.
139 140

Bitte die Arbeitshinweise im Aufgabenheft beachten!

Wird vom Prüfungsausschuss ausgefüllt!
Erreichte Punkte bei den ungebundenen Aufgaben (bitte nur ganze Zahlen ohne Kommastellen rechtsbündig eintragen!)
Bei abgewählten Aufgaben: bitte „A"
bei nicht bearbeiteten Aufgaben: bitte „X"
linksbündig eintragen (Großbuchstaben)!
U 1 79 80 81 U 2 82 83 84
U 3 85 86 87 U 4 88 89 90

Haben Sie in den Markierungsbogen:

Ihre Prüflingsnummer eingetragen?

Die Berufsnummer eingetragen?
(siehe Titelseite dieses Aufgabenhefts)

Diese Felder ausgefüllt bzw. eingedruckte Angaben auf Richtigkeit geprüft?

Bei fehlenden Angaben kann der Markierungsbogen *nicht* ausgewertet werden.
Spätere Reklamationen können *nicht* berücksichtigt werden!

Prüflingsnummer

Vor- und Familienname

Industrie- und Handelskammer

Abschlussprüfung Teil 1

Fertigungsmechaniker/-in

Verordnung vom 2. April 2013

Berufs-Nr. 0596

Schriftliche Aufgabenstellungen

Teil B

Musterprüfung

M 0596 K2

PAL - Prüfungsaufgaben- und Lehrmittelentwicklungsstelle
IHK Region Stuttgart

Vorgabezeit: Insgesamt 90 min für Teil A und Teil B

Hilfsmittel: Tabellenbuch, Formelsammlung, Zeichenwerkzeuge und nicht programmierter, netzunabhängiger Taschenrechner ohne Kommunikationsmöglichkeit mit Dritten

Sehr geehrter Prüfling!

Bevor Sie mit der Bearbeitung der Aufgaben beginnen, lesen Sie bitte **sorgfältig** die folgenden Hinweise!

1 Allgemeines

Der Aufgabensatz für die **Schriftlichen Aufgabenstellungen** besteht aus:

- Teil A mit 20 gebundenen Aufgaben (also mit vorgegebenen Auswahlantworten)
- Teil B mit 8 ungebundenen Aufgaben (die Sie mit Ihren eigenen Worten beantworten müssen)
- Anlage(n): 3 Blatt im Format A4 für Teil A und Teil B
- Markierungsbogen (grau-weiß)

Sie können die beiden Teile in beliebiger Reihenfolge bearbeiten.

Für die Ermittlung Ihrer Prüfungsleistungen werden der grau-weiße Markierungsbogen von Teil A und das Aufgabenheft Teil B gegebenenfalls mit Anlage(n) zugrunde gelegt.

Am Ende der Vorgabezeit von 90 min müssen Sie alle Dokumente der Prüfungsaufsicht übergeben.

Bei zeichnerischen Darstellungen gilt die Projektionsmethode 1 ( ).

2 Hinweise für Teil B

Tragen Sie bitte vor Beginn der Bearbeitung der Aufgaben auf der Titelseite **dieses Hefts** und gegebenenfalls auf den **Anlagen** ein:

- Die Ihnen mit der Einladung zur Prüfung mitgeteilte Prüflingsnummer
- Ihren Vor- und Familiennamen

Prüfen Sie danach, ob die Prüfungsunterlagen vollständig sind. Sie müssen enthalten:

- Dieses Aufgabenheft mit 8 ungebundenen Aufgaben
- 3 Anlagen

Informieren Sie bei Unstimmigkeiten **sofort** die Prüfungsaufsicht! **Reklamationen nach dem Schluss der Prüfung werden nicht anerkannt.**

Beantworten Sie die Aufgaben, wo immer möglich, in kurzen Sätzen.

Bei den mathematischen Aufgaben ist der vollständige Rechengang (Formel, Ansatz, Ergebnis, Einheit) in dem dafür vorgesehenen Feld auszuführen.

Geben Sie in dem unten vorgedruckten Feld an, welches Tabellenbuch Sie verwendet haben.

3 Hinweise für Teil A

Siehe Seite 2 von Teil A

Bei der Bearbeitung der Aufgaben wurde folgendes Tabellenbuch verwendet:

____

Ihre Industrie- und Handelskammer wünscht Ihnen viel Erfolg!

Dieser Prüfungsaufgabensatz wurde von einem überregionalen nach § 40 Abs. 2 BBiG zusammengesetzten Ausschuss beschlossen. Er wurde für die Prüfungsabwicklung und -abnahme im Rahmen der Ausbildungsprüfungen entwickelt. Weder der Prüfungsaufgabensatz noch darauf basierende Produkte sind für den freien Wirtschaftsverkehr bestimmt.

M 0596 K2

Bewertung (10 bis 0 Punkte)

U1

Bei der Montage der Baugruppe kommen verschiedene Fügeverfahren zum Einsatz.

1. Nennen Sie zwei Fügeverfahren und das jeweils dazugehörige Wirkprinzip.

Aufgabenlösung:

Fügeverfahren	Wirkprinzip

2. Warum werden beim Verbinden der Grundplatte (Pos.-Nr. 1) mit den Führungsplatten (Pos.-Nr. 3) zwei verschiedene Fügeverfahren verwendet?

Aufgabenlösung:

Ergebnis U1

Punkte

U2

Berechnen Sie die Vorspannkraft in den Zylinderschrauben (Pos.-Nr. 12), wenn diese mit einer Handkraft von 30 N angezogen werden. Die wirksame Hebellänge des Innensechskantschlüssels beträgt 8 cm. (Die Reibung bleibt unberücksichtigt.)

Aufgabenlösung:

Ergebnis U2

Punkte

U3

1. Erläutern Sie die Oberflächenangaben, die bei der Fertigung der Grundplatte (Pos.-Nr. 1) zu beachten sind.
2. Warum ist in der Seitenansicht von rechts der Grundplatte (Pos.-Nr. 1) die Angabe A–A erforderlich?

Aufgabenlösung:

Ergebnis U3

Punkte

U4

Berechnen Sie die Hauptnutzungszeit für das Fertigen der Kernlochbohrungen in der Antriebsscheibe (Pos.-Nr. 9). Für den An- und Überlauf ist jeweils 1 mm zu berücksichtigen. Für die Fertigung wurde ein HSS-Bohrer Typ N gewählt, der Vorschub beträgt $f = 0{,}1$ mm und die Schnittgeschwindigkeit $v_c = 20$ m/min.

Aufgabenlösung:

Ergebnis U4

Punkte

4

M 0596 K2 -pk-weiß-180214

U5

Nennen Sie die Fertigungsschritte mit den entsprechenden Sollmaß-Angaben für die Fertigung der Grundplatte (Pos.-Nr. 1) in einer sinnvollen Reihenfolge.

Aufgabenlösung:

Ergebnis U5

Punkte

U6

Erläutern Sie die Werkstoffbezeichnungen der Deckplatte (Pos.-Nr. 4) und der Antriebsscheibe (Pos.-Nr. 9).

Aufgabenlösung:

Ergebnis U6

Punkte

U7

Welche Prüfmittel sind nach der vollständigen Fertigung der Grundplatte (Pos.-Nr. 1) einzusetzen? Nennen Sie drei verschiedene Prüfmittel und ordnen Sie jeweils ein Nennmaß zu.

Aufgabenlösung:

Prüfmittel	Nennmaß

Ergebnis U7

Punkte

U8

Nennen Sie fünf Maßnahmen zur Arbeitssicherheit, die bei der Fertigung der Baugruppe einzuhalten sind.

Aufgabenlösung:

Ergebnis U8

Punkte

Wird vom Prüfungsausschuss ausgefüllt.

Erreichte Punkte bei den ungebundenen Aufgaben

max. 80 Punkte

Die Ergebnisse **U1** bis **U8** bitte in die dafür vorgesehenen Felder des **grau-weißen** Markierungsbogens eintragen!

Datum Prüfungsausschuss

M 0596 K2 -pk-weiß-180214 7

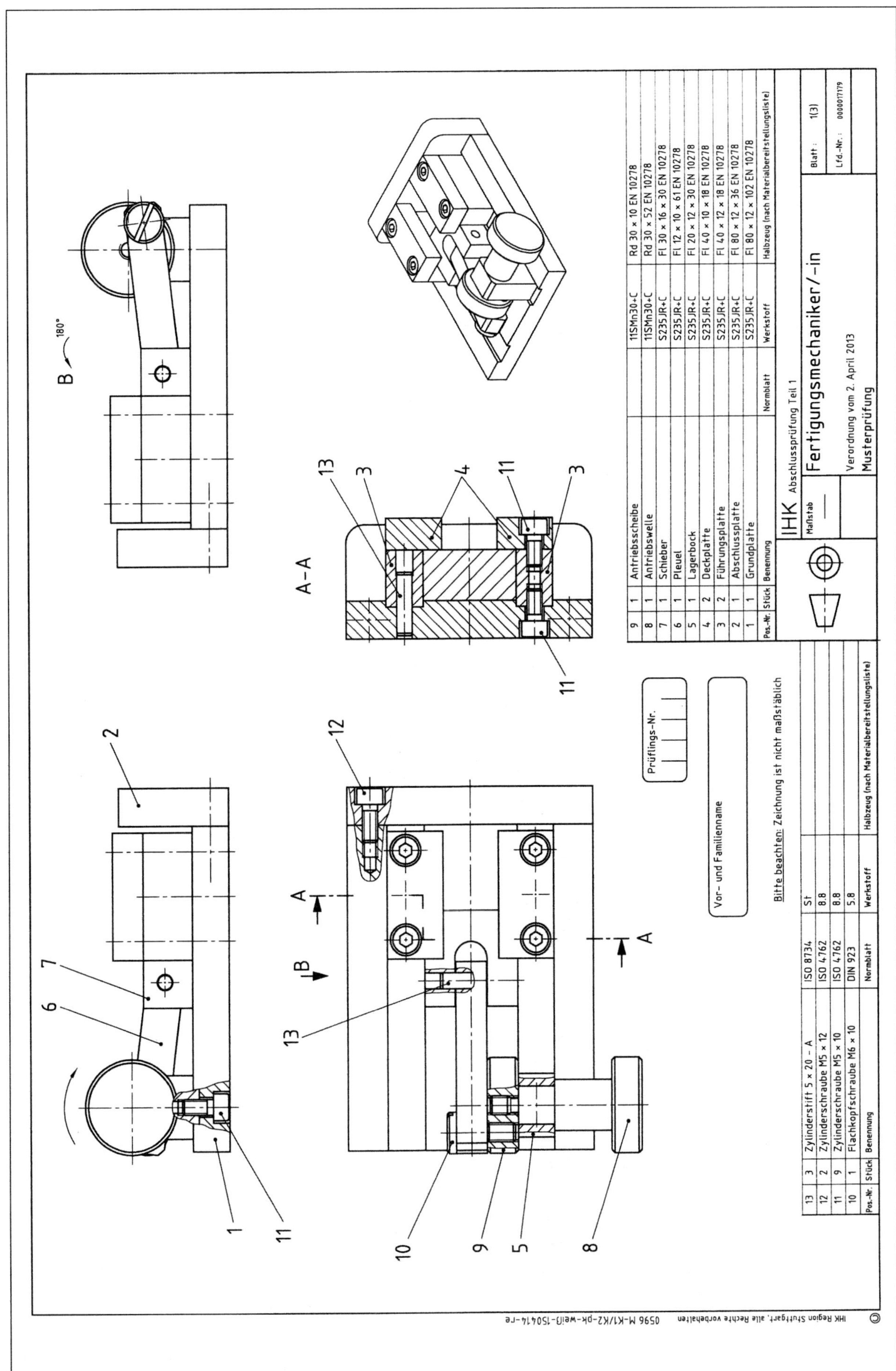

B 180°
A–A
A
B
Prüflings-Nr.
Vor- und Familienname
Bitte beachten: Zeichnung ist nicht maßstäblich
13 | 3 | Zylinderstift 5 x 20 - A | ISO 8734 | St
12 | 2 | Zylinderschraube M5 x 12 | ISO 4762 | 8.8
11 | 9 | Zylinderschraube M5 x 10 | ISO 4762 | 8.8
10 | 1 | Flachkopfschraube M6 x 10 | DIN 923 | 5.8
Pos.-Nr. | Stück | Benennung | Normblatt | Werkstoff | Halbzeug (nach Materialbereitstellungsliste)
9 | 1 | Antriebsscheibe | 11SMn30+C | Rd 30 x 10 EN 10278
8 | 1 | Antriebswelle | 11SMn30+C | Rd 30 x 52 EN 10278
7 | 1 | Schieber | S235JR+C | Fl 30 x 16 x 30 EN 10278
6 | 1 | Pleuel | S235JR+C | Fl 12 x 10 x 61 EN 10278
5 | 1 | Lagerbock | S235JR+C | Fl 20 x 12 x 30 EN 10278
4 | 2 | Deckplatte | S235JR+C | Fl 40 x 10 x 18 EN 10278
3 | 2 | Führungsplatte | S235JR+C | Fl 40 x 12 x 18 EN 10278
2 | 1 | Abschlussplatte | S235JR+C | Fl 80 x 12 x 36 EN 10278
1 | 1 | Grundplatte | S235JR+C | Fl 80 x 12 x 102 EN 10278
Pos.-Nr. | Stück | Benennung | Normblatt | Werkstoff | Halbzeug (nach Materialbereitstellungsliste)
IHK Abschlussprüfung Teil 1
Maßstab —
Fertigungsmechaniker/-in
Verordnung vom 2. April 2013
Musterprüfung
Blatt: 1(3)
Lfd.-Nr.: 0000017179
IHK Region Stuttgart, alle Rechte vorbehalten
0596 M-K1/K2-pk-weiß-150414-re

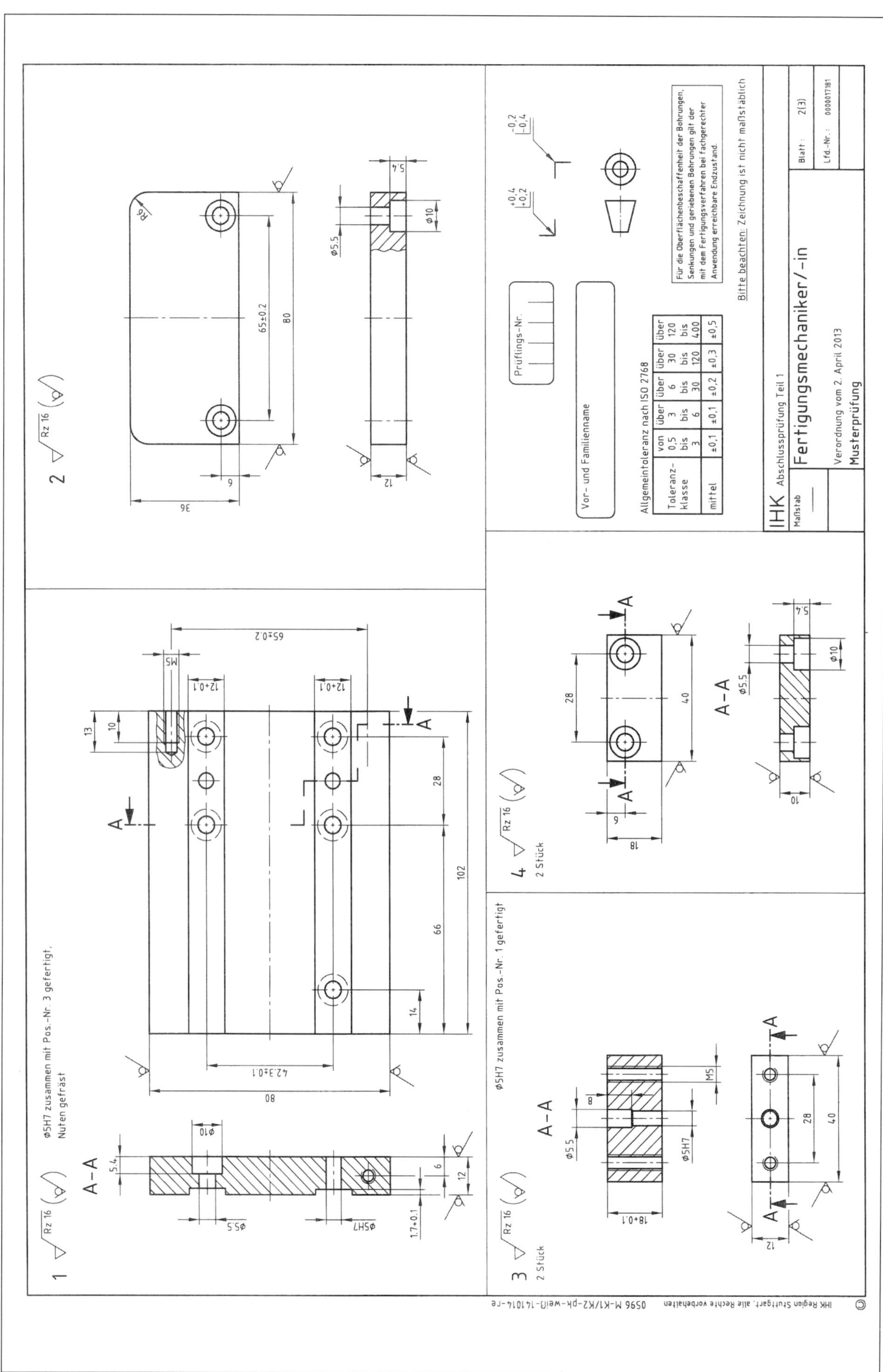
1 Rz 16
ø5H7 zusammen mit Pos.-Nr. 3 gefertigt,
Nuten gefräst
A–A
2 Rz 16
3 Rz 16
2 Stück
ø5H7 zusammen mit Pos.-Nr. 1 gefertigt
A–A
4 Rz 16
2 Stück
A–A
Prüflings-Nr.
Vor- und Familienname
Allgemeintoleranz nach ISO 2768
Toleranz-klasse
von 0,5 bis 3
über 3 bis 6
über 6 bis 30
über 30 bis 120
über 120 bis 400
mittel
±0,1
±0,1
±0,2
±0,3
±0,5
Für die Oberflächenbeschaffenheit der Bohrungen, Senkungen und geriebenen Bohrungen gilt der mit dem Fertigungsverfahren bei fachgerechter Anwendung erreichbare Endzustand.
Bitte beachten: Zeichnung ist nicht maßstäblich
IHK Abschlussprüfung Teil 1
Maßstab
Fertigungsmechaniker/-in
Verordnung vom 2. April 2013
Musterprüfung
Blatt: 2(3)
Lfd.-Nr.: 0000017181
IHK Region Stuttgart, alle Rechte vorbehalten
0596 M-K1/K2-pk-weiß-141014-re

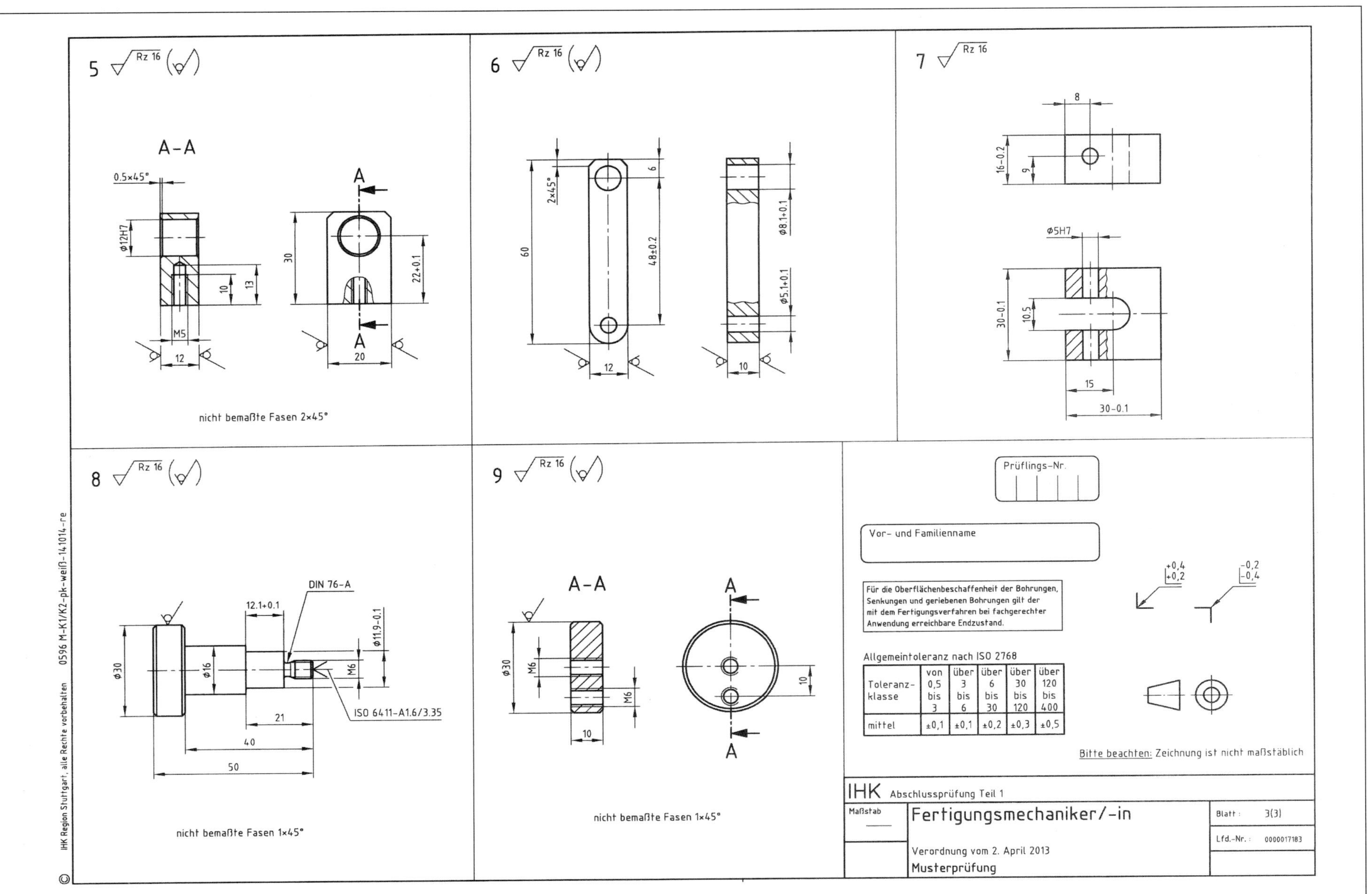

Allgemeintoleranz nach ISO 2768

Toleranz-klasse	von 0,5 bis 3	über 3 bis 6	über 6 bis 30	über 30 bis 120	über 120 bis 400
mittel	±0,1	±0,1	±0,2	±0,3	±0,5

INDUSTRIE- UND HANDELSKAMMER

Lösungsschablone-Nr.: M 0596 L1

Abschlussprüfung Teil 1: Musterprüfung

Ausbildungsberuf: Fertigungsmechaniker/-in
Verordnung vom 2. April 2013

Schriftliche Aufgabenstellungen Teil A

1	2	3	4	5	6	7	8	9	10
·	·	⊙	⊙	·	·	⊙	·	·	·
·	⊙	·	·	·	⊙	·	⊙	·	·
⊙	·	·	·	·	·	·	·	·	⊙
·	·	·	·	⊙	·	·	·	·	·
·	·	·	·	·	·	·	·	⊙	·

11	12	13	14	15	16	17	18	19	20
·	·	·	·	·	·	·	·	·	·
·	·	·	·	⊙	·	·	·	·	·
·	·	⊙	·	·	⊙	·	·	·	⊙
·	⊙	·	⊙	·	·	⊙	⊙	⊙	·
⊙	·	·	·	·	·	·	·	·	·

Schriftliche Aufgabenstellungen

Der Aufgabensatz enthält:

- 20 gebundene Aufgaben, à 1 Punkt = 20 Punkte
- 8 ungebundene Aufgaben, à 10 Punkte = 80 Punkte

Zur manuellen Ermittlung des Ergebnisses **Schriftliche Aufgabenstellungen** ist in den Markierungsbogen einzutragen:

Divisor A: 0,4
Divisor B: 1,6

Dies ergibt die Gewichtung

Schriftliche Aufgabenstellungen Teil A: 50 %

Schriftliche Aufgabenstellungen Teil B: 50 %

 M 0596 L1 -pk-240414 -1-(1)

Der Fachausschuss hat für die Prüfungsausschüsse Lösungsvorschläge erarbeitet. Zur Bewertung der Prüfungsaufgaben sind auch andere Lösungsvarianten möglich. Sinngemäße richtige Lösungen sind voll zu bewerten.

Industrie- und Handelskammer

Abschlussprüfung Teil 1

Fertigungsmechaniker/-in

Verordnung vom 2. April 2013

Berufs-Nr. 0596

Schriftliche Aufgabenstellungen

Lösungsvorschläge für den Prüfungsausschuss

Musterprüfung

M 0596 L

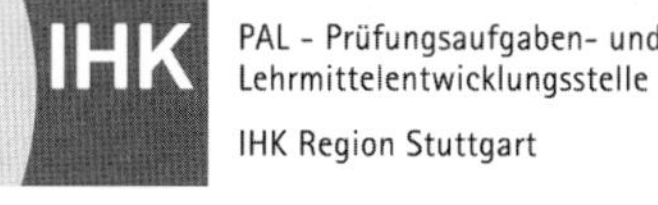

PAL - Prüfungsaufgaben- und Lehrmittelentwicklungsstelle
IHK Region Stuttgart

1 Lösungsschablonen/-vorschläge für den Prüfungsausschuss

1.1 Lösungsschablone Schriftliche Aufgabenstellungen Teil A
1.2 Heft Lösungsvorschläge mit rot
- Schriftliche Aufgabenstellungen Teil B
(sind im vorliegenden Heft zusammengefasst)

Lösungsvarianten sind möglich!
Sinngemäß richtige Lösungen sind voll zu bewerten.

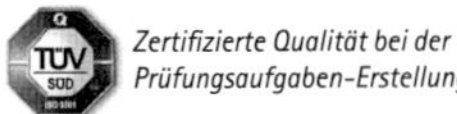

M 0596 L

IHK

Abschlussprüfung Teil 1 – Musterprüfung

Schriftliche Aufgabenstellungen Teil B **Lösungsvorschläge**	**Fertigungsmechaniker/-in** Verordnung vom 2. April 2013

U1

1.

Fügeverfahren	**Wirkprinzip**
Schraubverbindung	kraftschlüssig
Stiftverbindung	formschlüssig

2. Stiftverbindung: dient der Lagesicherung
   Schraubverbindung: dient zur Befestigung

U2

Geg.: $F_1 = 30\ \text{N}$ Ges.: F_2

$l = 80\ \text{mm}$

$P = 0{,}8\ \text{mm}$

$$F_2 \cdot P = F_1 \cdot 2 \cdot \pi \cdot l$$

$$F_2 = \frac{F_1 \cdot 2 \cdot \pi \cdot l}{P}$$

$$F_2 = \frac{30\ \text{N} \cdot 2 \cdot \pi \cdot 80\ \text{mm}}{0{,}8\ \text{mm}} = \underline{\underline{18\,850\ \text{N}}}$$

U3

1.

Rz 16 ( )

= alle nicht extra gekennzeichneten Flächen werden materialabtragend bearbeitet.
Rz = 16 µm (obere Grenze), Rz = größte Höhe des Profils, dabei darf die größte Höhe des Profils / die gemittelte Rautiefe / Rz einen Wert von 16 µm nicht überschreiten.

= die gekennzeichneten Flächen bleiben im Anlieferungszustand

2. Diese Angabe kennzeichnet den Schnittverlauf aus der Vorderansicht der Grundplatte (Pos.-Nr. 1).

U4

Geg.: $d = 5{,}0\ \text{mm}$ Ges.: t_h

$l_a = 1\ \text{mm}$

$l_ü = 1\ \text{mm}$

$$L = l + l_s + l_a + l_ü$$

$$L = 10\ \text{mm} + 1{,}5\ \text{mm} + 1\ \text{mm} + 1\ \text{mm} = 13{,}5\ \text{mm}$$

$$n = \frac{v_c}{\pi \cdot d}$$

$$n = \frac{20\,000\ \text{mm}}{\pi \cdot 5\ \text{mm} \cdot \text{min}} = 1\,273\ \text{min}^{-1}$$

$$t_h = \frac{L \cdot i}{n \cdot f}$$

$$t_h = \frac{13{,}5\ \text{mm} \cdot 2}{1273\ \text{min}^{-1} \cdot 0{,}1\ \text{mm}}$$

$$t_h = 0{,}21\ \text{min} = 12{,}6\ \text{s}$$

$$t_h = \underline{\underline{13\ \text{s}}}$$

M 0596 L2 -pk-rot-171014 3

U5

1. Nuten fräsen
2. Bohrungen ∅ 5,5 für Zylinderschrauben herstellen
3. Senken ∅ 10 / 5,4 mm tief
4. Kernlochbohrung ∅ 4,2
5. Gewinde bohren M5

U6

Deckplatte (Pos.-Nr. 4): **S235JR+C**
S: Stahl für Stahl- und Maschinenbau
235: R_e = 235 N/mm²
JR: Kerbschlagarbeit 27 J bei 20 °C
+C: gezogen

Antriebsscheibe (Pos.-Nr. 9): **11 SMn30+C**
Automatenstahl
11: 0,11 % Kohlenstoff
S: 0,3 % Schwefel
Mn: Spurenelemente von Mangan
30: Kennzahl für Schwefel
+C: kalt gezogen

U7

Prüfmittel	**Nennmaß**
Messschieber	5,4 (Senkung)
Grenzlehrdorn	∅ 5H7
Gewindegrenzlehrdorn	M5

U8

- Schutzbrille tragen
- Eng anliegende Kleidung tragen
- Haarschutz (Kopfbedeckung), falls erforderlich
- Sicherheitsschuhe tragen
- Werkstücke fest einspannen
- Späne mit einem Handfeger entfernen
- Schmuck (Ketten, Ringe) vor Aufnahme der Tätigkeit an Maschinen ablegen

Der praktische Prüfungsbereich besteht aus der Herstellung einer funktionsfähigen Baugruppe.
Für diesen Prüfungsbereich bestehen folgende Vorgaben:

Der Prüfling soll nachweisen, dass er in der Lage ist,

- Informationen zu beschaffen, technische Unterlagen auszuwählen, zu bewerten und anzuwenden,
- Arbeitsabläufe unter Beachtung technologischer Vorgaben zu planen, technologische Kennwerte zu ermitteln, erforderliche Berechnungen durchzuführen, Arbeitsmittel auszuwählen und anzuwenden,
- Werkstoffeigenschaften und deren Veränderungen zu beurteilen,
- Fertigungsverfahren auszuwählen, Bauteile manuell und maschinell zu bearbeiten,
- Bauteile zu Baugruppen zu montieren, funktionsgerecht auszurichten, zu befestigen und zu sichern, Funktionen überprüfen,
- Prüfverfahren und Prüfmittel auszuwählen und anzuwenden, Ergebnisse zu dokumentieren und zu bewerten,
- Sicherheit und Gesundheitsschutz bei der Arbeit und den Umweltschutz zu berücksichtigen.

Für die Bewertung der einzelnen Prüfungsleistungen empfiehlt der PAL-Fachausschuss die folgenden Bewertungsschlüssel:

- Objektiv bewertbar: 10 oder 0 Punkte
- Subjektiv bewertbar: 10 bis 0 Punkte (10–9–8–7–6–5–4–3–2–1–0 Punkte)

Treten bei Ergebnisberechnungen Dezimalergebnisse auf, sind diese mit zwei Nachkommastellen kaufmännisch gerundet einzutragen.

Auf Basis von § 24 Musterprüfungsordnung für die Durchführung von Abschluss- und Umschulungsprüfungen des Hauptausschusses des Bundesinstituts für Berufsbildung (BiBB) vom März 2007 sind die Prüfungsleistungen wie folgt zu bewerten:

<table>
<tr><td>10</td><td>Eine den Anforderungen in besonderem Maße entsprechende Leistung</td></tr>
<tr><td>9</td><td>Eine den Anforderungen voll entsprechende Leistung</td></tr>
<tr><td>8</td><td rowspan="2">Eine den Anforderungen im Allgemeinen entsprechende Leistung</td></tr>
<tr><td>7</td></tr>
<tr><td>6</td><td rowspan="2">Eine Leistung, die zwar Mängel aufweist, aber den Anforderungen noch entspricht</td></tr>
<tr><td>5</td></tr>
<tr><td>4</td><td rowspan="2">Eine Leistung, die den Anforderungen nicht entspricht, jedoch erkennen lässt, dass Grundkenntnisse vorhanden sind</td></tr>
<tr><td>3</td></tr>
<tr><td>2</td><td rowspan="3">Eine Leistung, die den Anforderungen nicht entspricht und bei der selbst Grundkenntnisse fehlen
oder
keine Prüfungsleistung erbracht</td></tr>
<tr><td>1</td></tr>
<tr><td>0</td></tr>
</table>

Industrie- und Handelskammer

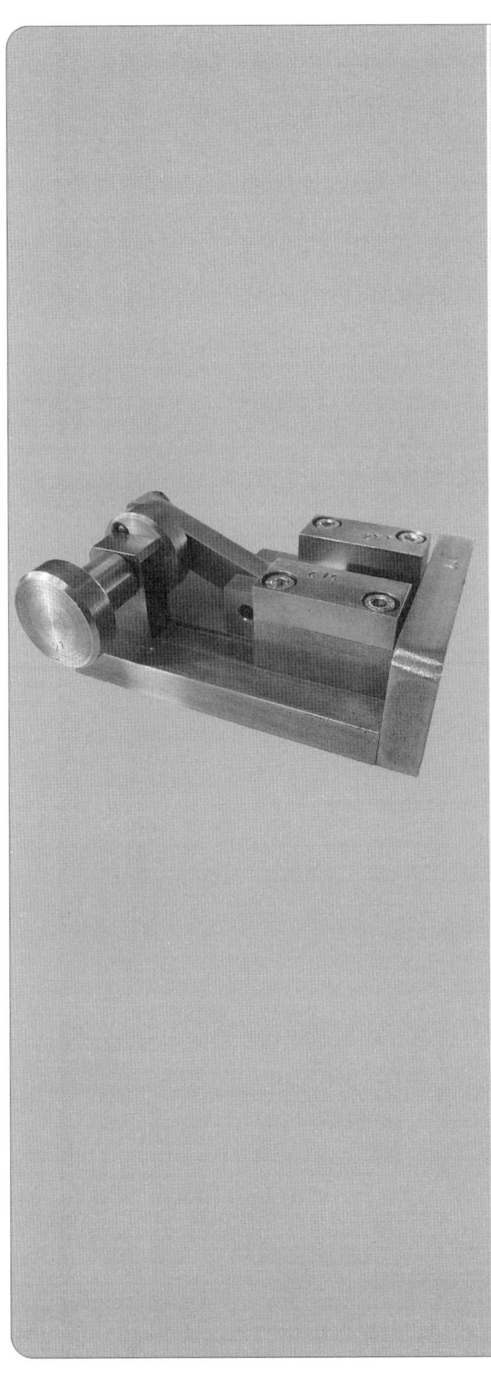

Abschlussprüfung Teil 1

Fertigungsmechaniker/-in

Verordnung vom 2. April 2013

Arbeitsaufgabe

Hinweise für die Kammer

Richtlinien und Lösungsvorschläge für den Prüfungsausschuss

Musterprüfung

M 0596 H1

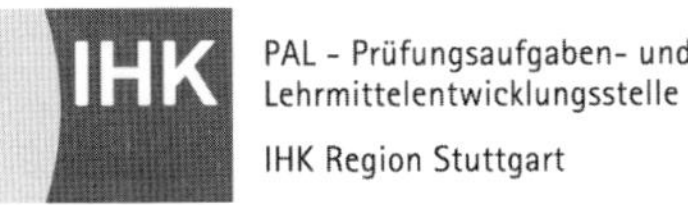

PAL - Prüfungsaufgaben- und Lehrmittelentwicklungsstelle

IHK Region Stuttgart

1 Prüfungsaufgabensatz

Der Prüfungsaufgabensatz für die Abschlussprüfung Teil 1 besteht aus folgenden Unterlagen:

1.1 Allgemeine Unterlagen

1.1.1	Hinweise für die Kammer/Richtlinien und Lösungsvorschläge für den Prüfungsausschuss (sind im vorliegenden Heft zusammengefasst)		rot
1.1.2	Bereitstellungsunterlagen für den Ausbildungsbetrieb		gelb
1.1.3	Bereitstellungsunterlagen für den Prüfungsbetrieb		blau

1.2 Schriftliche Aufgabenstellungen (Vorgabezeit 1,5 h)

1.2.1	Hinweise für die Kammer		rot
1.2.2	Hinweise für den Prüfling – Zeichnungen (3 Blatt)		weiß
1.2.3	Schriftliche Aufgabenstellungen mit 20 gebundenen und 8 ungebundenen Aufgaben		weiß
1.2.4	Lösungsschablone		
1.2.5	Lösungsvorschläge		rot
1.2.6	Gesamtbewertungsbogen Seite 2(2) „Schriftliche Aufgabenstellungen“		rot
1.2.7	Stellungnahme des Prüfungsausschusses (Zugangsdaten erhalten Sie über Ihre zuständige Industrie- und Handelskammer/Handwerkskammer)		Onlineformular

1.3 Herstellen einer funktionsfähigen Baugruppe (Vorgabezeit 6,5 h)

1.3.1	Prüfungsunterlagen für den Prüfling		
	– Arbeitsblatt „Beschreibung der Arbeitsaufgabe“		weiß
	– Zeichnungen (3 Blatt)		weiß
	– Arbeitsblatt „Information und Planung“	Blatt 1 von 4	weiß
	– Arbeitsblatt „Kontrolle“	Blatt 2 von 4	weiß
1.3.2	Bewertungsbogen Durchführung	Blatt 3 von 4	rot
1.3.3	Gesamtbewertungsbogen	Blatt 4 von 4	rot
1.3.4	Stellungnahme des Prüfungsausschusses (Zugangsdaten erhalten Sie über Ihre zuständige Industrie- und Handelskammer/Handwerkskammer)		Onlineformular

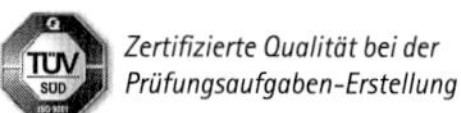

Zertifizierte Qualität bei der Prüfungsaufgaben-Erstellung

Internet: www.ihk-pal.de
M 0596 H1 -pk-rot-141014

Hinweise zur Herstellung einer funktionsfähigen Baugruppe

Allgemein

Die Prüfung besteht aus der Herstellung einer funktionsfähigen Baugruppe und schriftlichen Aufgabenstellungen. Anhand dieser soll der Prüfling nachweisen, dass er die beruflichen Fertigkeiten beherrscht und die notwendigen beruflichen Kenntnisse und Fähigkeiten besitzt.

<table>
<tr><th colspan="4">Gestreckte Abschlussprüfung Fertigungsmechaniker/-in Teil 1 und 2</th></tr>
<tr><th colspan="2">Abschlussprüfung Teil 1
Gewichtung 40 %</th><th colspan="2">Abschlussprüfung Teil 2
Gewichtung 60 %</th></tr>
<tr><th>Praktische Aufgabenstellung</th><th>Schriftliche Aufgabenstellungen</th><th>Montageauftrag</th><th>Schriftliche Aufgabenstellungen</th></tr>
<tr><td>Gewichtung: 20 %
Vorgabezeit: 6,5 h</td><td>Gewichtung: 20 %
Vorgabezeit: 90 min</td><td>Gewichtung: 30 %
Gesamtvorgabezeit: 7 h</td><td>Gewichtung: 30 %
Gesamtvorgabezeit: 5 h</td></tr>
<tr><td>- Durchführung praktische Aufgabenstellung

Phasen – Gewichtung
• Planung – 10 %
• Durchführung – 80 %
• Kontrolle – 10 %</td><td>- Teil A
Gewichtung: 50 %
20 gebundene Aufgaben
keine Abwahl möglich
- Teil B
Gewichtung: 50 %
8 ungeb. Aufgaben
keine Abwahl möglich</td><td>- Vor- und Nachbereitung
Vorgabezeit: 4,5 h
- Durchführung
Vorgabezeit: 2,5 h

Phasen – Gewichtung
• Durchführung – 70 %
• Situatives Fachgespräch (max. 20 min) – 30 %</td><td>- Auftrags- und Funktionsanalyse
Gewichtung: 10 %
Vorgabezeit: 120 min
20 gebundene Aufgaben
12 ungeb. Aufgaben
keine Abwahl möglich
Gewichtung geb./ungeb. 40 %/60 %
- Montagetechnik
Gewichtung: 10 %
Vorgabezeit: 120 min
20 gebundene Aufgaben
12 ungeb. Aufgaben
keine Abwahl möglich
Gewichtung geb./ungeb. 40 %/60 %
- Wirtschafts- und Sozialkunde
Gewichtung: 10 %
Vorgabezeit: 60 min
18 gebundene Aufgaben
davon 3 abwählbar
6 ungeb. Aufgaben
davon 1 abwählbar
Gewichtung geb./ungeb. 40 %/60 %</td></tr>
</table>

Gliederung der gestreckten Abschlussprüfung mit Aufteilung in Teil 1 und Teil 2 sowie der Gewichtung und den Vorgabezeiten

2.2 Vorbereitungen

2.2.1 Vorbereitungen durch den Ausbildungsbetrieb

Von dem Ausbildungsbetrieb sind die in den Bereitstellungsunterlagen aufgeführten Werkzeuge, Hilfs- und Prüfmittel bereitzustellen. Es müssen die Halbzeuge, Normteile und Hilfsmittel sowie bei Bedarf vorgefertigte Bauteile, die auf der Materialbereitstellungsliste als Skizzen dargestellt sind, beschafft werden. Zudem ist darauf hinzuweisen, dass die Arbeitskleidung den Berufsgenossenschaftlichen Vorschriften entsprechen muss. Entspricht die Arbeitskleidung nicht den BGV, dann ist eine Teilnahme an der Prüfung nicht zulässig.

2.2.2 Vorbereitungen durch den Prüfungsbetrieb

Von dem Prüfungsbetrieb sind die in der Bereitstellungsliste für den Prüfungsbetrieb aufgeführten Prüf-, Betriebs-, Hilfs- und Arbeitsmittel sowie die Werkzeuge bereitzustellen.

Zudem ist gegebenenfalls vor der Prüfung eine Sicherheitsunterweisung in die örtlichen Gegebenheiten durchzuführen.

2.3 Durchführung der Abschlussprüfung Teil 1

2.3.1 Aufgabenstellung

Der Prüfling hat in einer Vorgabezeit von 6,5 h eine praktische Aufgabenstellung zu bearbeiten. Diese ist in die Arbeitsphasen Planung, Durchführung und Kontrolle gegliedert.

Für die Bearbeitung der Arbeitsaufgabe sind dem Prüfling folgende Unterlagen auszuhändigen:

- Arbeitsblatt „Beschreibung der Arbeitsaufgabe“
- Zeichnungssatz
- Arbeitsblatt „Information und Planung“ Blatt 1 von 4
- Arbeitsblatt „Kontrolle“ Blatt 2 von 4

Der Prüfling hat sich innerhalb der Vorgabezeit von 6,5 h in die Prüfungsunterlagen einzuarbeiten. Danach führt er die geforderten Aufgaben zu den Arbeitsphasen Planung, Durchführung und Kontrolle durch.

Bei der Durchführung der Arbeitsaufgabe muss die Prüfungsaufsicht besonders darauf achten, dass eine Kommunikation der Prüflinge untereinander unterbleibt. Deshalb empfiehlt es sich, alle Prüflinge in der Prüfungswerkstatt gleichzeitig mit der Arbeitsaufgabe beginnen zu lassen.

2.3.2 Planungsphase

Zu Beginn der Bearbeitung der Arbeitsaufgabe soll der Prüfling die Planungsphase durchführen. Es werden zur Einarbeitung vier Aufgaben und ein Arbeitsplan zu der Arbeitsaufgabe erarbeitet.

Das Arbeitsblatt „Information und Planung“ (Blatt 1 von 4) ist mit dem Gesamtbewertungsbogen (Blatt 4 von 4) zur vollständigen Dokumentation abzulegen.

Das Einzelergebnis wird in den Gesamtbewertungsbogen (Blatt 4 von 4) Seite 1(2) übertragen.

2.3.3 Durchführungsphase

Der Prüfling hat die Arbeitsaufgabe, nach den Vorgaben, wie auf dem Arbeitsblatt „Beschreibung der Arbeitsaufgabe“ beschrieben, selbstständig durchzuführen. Dabei soll der Prüfling die Unfallverhütungsvorschriften anwenden und Umweltschutzbestimmungen beachten.

Die für die einzelnen Prüfungsbereiche ermittelten Zwischenergebnisse sind in den Gesamtbewertungsbogen (Blatt 4 von 4) Seite 1(2) zu übertragen.

Der „Bewertungsbogen Durchführung“ (Blatt 3 von 4) ist mit dem Gesamtbewertungsbogen (Blatt 4 von 4) zur vollständigen Dokumentation abzulegen.

2.3.4 Kontrollphase

Der Prüfling hat die von ihm gefertigten Einzelteile auf Maß- bzw. Lehrenhaltigkeit zu überprüfen und zu beurteilen. Dabei ist das Aufgabenblatt „Kontrolle“ (Blatt 2 von 4) zu bearbeiten. Diese Bearbeitung kann zeitgleich mit der Durchführung erfolgen. Die vom Prüfling festgestellten Fehler darf dieser in der Vorgabezeit korrigieren.

Für die Bewertung der auf dem Arbeitsblatt „Kontrolle“ (Blatt 2 von 4) angegebenen Merkmale ist ausschließlich von Bedeutung, ob der Prüfling die Funktion und/oder die fachgerechte Bearbeitung und/oder die Maßhaltigkeit der von ihm gefertigten Baugruppe/Teile richtig beurteilt hat, unabhängig davon ob die Baugruppe/Teile fachgerecht und maßhaltig ausgeführt ist/sind.

Das Zwischenergebnis wird in den Gesamtbewertungsbogen (Blatt 4 von 4) Seite 1(2) übertragen.

Das Arbeitsblatt „Kontrolle“ (Blatt 2 von 4) ist mit dem Gesamtbewertungsbogen (Blatt 4 von 4) zur vollständigen Dokumentation abzulegen.

Nach Ablauf der Vorgabezeit übergibt der Prüfling alle Unterlagen und die gefertigte Arbeitsaufgabe dem Prüfungsausschuss. Dabei muss der Prüfungsausschuss sicherstellen, dass die Arbeitsblätter und die gefertigte Arbeitsaufgabe mit einer Prüflingsnummer versehen sind.

2.3.5 Bewertung der Arbeitsaufgabe

Die Bewertung der Arbeitsaufgabe mit der Planungs-, Durchführungs- und Kontrollphase erfolgt auf dem Gesamtbewertungsbogen (Blatt 4 von 4) Seite 1(2).

Für die Bewertung der einzelnen Prüfungsleistungen empfiehlt der PAL-Fachausschuss die folgenden Bewertungsschlüssel:

- Objektiv bewertbar: 10 oder 0 Punkte
- Subjektiv bewertbar: 10 bis 0 Punkte (10–9–8–7–6–5–4–3–2–1–0 Punkte)

Treten bei Ergebnisberechnungen Dezimalergebnisse auf, sind diese mit zwei Nachkommastellen kaufmännisch gerundet einzutragen.

Auf Basis von § 24 Musterprüfungsordnung für die Durchführung von Abschluss- und Umschulungsprüfungen des Hauptausschusses des Bundesinstituts für Berufsbildung (BiBB) vom März 2007 sind die Prüfungsleistungen wie folgt zu bewerten:

Punkte	Bewertung
10	Eine den Anforderungen in besonderem Maße entsprechende Leistung
9	Eine den Anforderungen voll entsprechende Leistung
8	Eine den Anforderungen im Allgemeinen entsprechende Leistung
7	
6	Eine Leistung, die zwar Mängel aufweist, aber den Anforderungen noch entspricht
5	
4	Eine Leistung, die den Anforderungen nicht entspricht, jedoch erkennen lässt, dass Grundkenntnisse vorhanden sind
3	
2	Eine Leistung, die den Anforderungen nicht entspricht und bei der selbst Grundkenntnisse fehlen
1	**oder**
0	keine Prüfungsleistung erbracht

2.4 Berechnung des Ergebnisses der Arbeitsaufgabe und der schriftlichen Aufgabenstellungen

Das Ergebnis der Arbeitsaufgabe ist in den „Gesamtbewertungsbogen“ (Blatt 4 von 4), Seite 2(2) zu übertragen und mit dem Ergebnis der schriftlichen Aufgabenstellungen zum Endergebnis der Abschlussprüfung Teil 1 zu addieren.

IHK

Abschlussprüfung Teil 1 – Musterprüfung

Lösungsvorschläge für den Prüfungsausschuss	**Fertigungsmechaniker/-in** Verordnung vom 2. April 2013

1

M5: Metrisches Regelgewinde Nenndurchmesser 5 mm
12: Nennlänge 12 mm
8.8: Festigkeit R_m = 800 N/mm², R_e = 640 N/mm²

2

$v_c = \pi \cdot d \cdot n$
$v_c = \pi \cdot 4{,}2\ \text{mm} \cdot 1364\ \text{min}^{-1}$
$v_c = 17\,997{,}56\ \text{mm/min}$
$\underline{\underline{v_c \approx 18\ \text{m/min}}}$

3

Die Zentrierung ist am Fertigteil erforderlich. Es handelt sich um eine Zentrierbohrung der ISO 6411.
Form und Maße der Zentrierbohrung nach DIN 332: Form A; d_1 = 1,6 mm; d_2 = 3,35 mm

4

1. Die Antriebswelle kann nicht durch den Lagerbock geschoben und mit der Antriebsscheibe verschraubt werden.
2. Der ∅ 12,3 mm muss auf das geforderte Maß ∅ 11,9 – 0,1 nachgearbeitet werden.

5

Lfd. Nr.	Arbeitsschritt
13	Werkstück entgraten
6	∅ 5,8 drehen und prüfen
9	Mitlaufende Zentrierspitze entfernen
2	Werkstück einspannen und plandrehen
10	Gewinde M6 schneiden und prüfen
7	Gewindefreistich DIN 76-A drehen
1	Werkstück reinigen, entgraten und Rohmaße überprüfen
11	Werkstück umspannen
3	Zentrierbohrung nach ISO 6411 fertigen und mitlaufende Zentrierspitze am Werkstück anbringen
8	Werkstück entgraten und Fase für den Gewindeanschnitt drehen
14	Werkstück ausspannen, Qualitätskontrolle durchführen und Prüflingsnummer nach Zeichnungsangabe einschlagen
5	∅ 11,9 – 0,1 drehen und prüfen
4	∅ 16 drehen und prüfen
12	Werkstück auf Länge 50 plandrehen und prüfen

Vom Ausbildungsbetrieb sind die in den Bereitstellungsunterlagen aufgeführten Werkzeuge, Prüf- und Hilfsmittel bereitzustellen. Es müssen die Halbzeuge, Normteile und Hilfsmittel sowie bei Bedarf auch die auf der Materialbereitstellungsliste dargestellten Skizzen als vorgefertigte Bauteile beschafft werden.
Anstelle der aufgeführten Positionen können alternativ auch vergleichbare betriebsübliche Normteile, Werkzeuge, Prüf- und Hilfsmittel sowie Werkstoffe für Halbzeuge mit für die Anwendung ausreichenden Eigenschaften verwendet werden.

Zudem ist darauf hinzuweisen, dass die Arbeitskleidung/die persönliche Schutzausrüstung den Berufsgenossenschaftlichen Vorschriften (BGV) entsprechen muss und der Prüfling die Vorschriften zur Arbeitssicherheit einhält.

Die Bereitstellungsliste für den Ausbildungsbetrieb (Seiten 49 bis 52) ist ein Pool an Werkzeugen, Prüf- und Hilfsmitteln, welcher zu jeder Prüfung mitgebracht werden muss, unabhängig davon ob er benötigt wird oder nicht. Dieser stellt eine Art „Grundausstattung" dar. Zum anderen behält es sich der Fachausschuss vor, zusätzlich Werkzeuge, Prüf- und Hilfsmittel aufzuführen, die nur für die jeweilige Abschlussprüfung benötigt werden.

In der Materialbereitstellungsliste (Seiten 53 und 54) sind wiederum Halbzeuge, Normteile und Hilfsmittel aufgeführt, welche jeder Prüfling für seinen Arbeitsauftrag benötigt. Die Halbzeuge müssen den angegebenen Normen entsprechen, die Allgemeintoleranzen müssen beachtet und die Materialien mit der jeweils angegebenen Oberflächenbeschaffenheit bereitgestellt werden. Teilweise müssen auch nach Skizzen vorgefertigte Bauteile mitgebracht werden. Auch hier können vergleichbare betriebsübliche Halbzeuge, Normteile und Hilfsmittel sowie Werkstoffe für Halbzeuge mit für die Anwendung ausreichenden Eigenschaften verwendet werden.

Industrie- und Handelskammer

Abschlussprüfung Teil 1

Fertigungsmechaniker/-in

Verordnung vom 2. April 2013

Arbeitsaufgabe

Bereitstellungsunterlagen für den Ausbildungsbetrieb

Musterprüfung

M 0596 B1

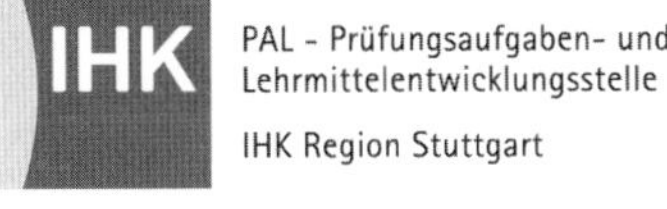

PAL - Prüfungsaufgaben- und Lehrmittelentwicklungsstelle
IHK Region Stuttgart

Hinweise zur Herstellung einer funktionsfähigen Baugruppe

Allgemein

Die Prüfung besteht aus der Herstellung einer funktionsfähigen Baugruppe und schriftlichen Aufgabenstellungen. Anhand dieser soll der Prüfling nachweisen, dass er die beruflichen Fertigkeiten beherrscht und die notwendigen beruflichen Kenntnisse und Fähigkeiten besitzt.

Gestreckte Abschlussprüfung Fertigungsmechaniker/-in Teil 1 und 2			
Abschlussprüfung Teil 1 Gewichtung 40 %		**Abschlussprüfung Teil 2 Gewichtung 60 %**	
Praktische Aufgabenstellung	**Schriftliche Aufgabenstellungen**	**Montageauftrag**	**Schriftliche Aufgabenstellungen**
Gewichtung: 20 % Vorgabezeit: 6,5 h	Gewichtung: 20 % Vorgabezeit: 90 min	Gewichtung: 30 % Gesamtvorgabezeit: 7 h	Gewichtung: 30 % Gesamtvorgabezeit: 5 h
- Durchführung praktische Aufgabenstellung Phasen – Gewichtung • Planung – 10 % • Durchführung – 80 % • Kontrolle – 10 %	**- Teil A** Gewichtung: 50 % 20 gebundene Aufgaben keine Abwahl möglich **- Teil B** Gewichtung: 50 % 8 ungeb. Aufgaben keine Abwahl möglich	**- Vor- und Nachbereitung** Vorgabezeit: 4,5 h **- Durchführung** Vorgabezeit: 2,5 h Phasen – Gewichtung • Durchführung – 70 % • Situatives Fachgespräch (max. 20 min) – 30 %	**- Auftrags- und Funktionsanalyse** Gewichtung: 10 % Vorgabezeit: 120 min 20 gebundene Aufgaben 12 ungeb. Aufgaben keine Abwahl möglich Gewichtung geb./ungeb. 40 %/60 % **- Montagetechnik** Gewichtung: 10 % Vorgabezeit: 120 min 20 gebundene Aufgaben 12 ungeb. Aufgaben keine Abwahl möglich Gewichtung geb./ungeb. 40 %/60 % **- Wirtschafts- und Sozialkunde** Gewichtung: 10 % Vorgabezeit: 60 min 18 gebundene Aufgaben davon 3 abwählbar 6 ungeb. Aufgaben davon 1 abwählbar Gewichtung geb./ungeb. 40 %/60 %

Gliederung der gestreckten Abschlussprüfung mit Aufteilung in Teil 1 und Teil 2 sowie der Gewichtung und den Vorgabezeiten

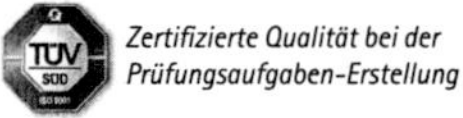

IHK

Abschlussprüfung Teil 1 – Musterprüfung

Bereitstellungsliste für den Ausbildungsbetrieb	**Fertigungsmechaniker/-in** Verordnung vom 2. April 2013

Der Prüfling hat anhand dieser Liste die Prüfmittel, Werkzeuge und Hilfsmittel auszuwählen, die er zur Bearbeitung der Werkstücke benötigt.

I Prüfmittel, die für jeden Prüfling bereitgestellt werden müssen:

1.	1 Messschieber Form A	150 mm	DIN 862
2.	1 Bügelmessschraube	0–25 mm	
3.	1 Haarwinkel	75 × 50 mm	

II Werkzeuge, die für jeden Prüfling bereitgestellt werden müssen:

1.	1 Reißnadel		
2.	1 Körner		
3.	1 Schlosserhammer	300 g	DIN 1041
4.	1 Gummi- oder Kunststoffhammer		
5.	1 Handbügelsäge für Metall	300 mm	DIN 6473
6.	1 Flachstumpffeile	100-3 150-1 150-3 200-3 250-1	DIN 7261
7.	1 Dreikantfeile	150-1 150-3	DIN 7261
8.	1 Rundfeile	150-1 150-3	DIN 7261
9.	1 Vierkantfeile	150-1 150-3	DIN 7261
10.	1 Nadelfeile H3	flach, dreikant, rund, vierkant	
11.	1 Feilenbürste oder Feilenreiniger		
12.	1 Dreikantschaber oder Entgrater		
13.	1 Abziehstein		
14.	1 Splinttreiber	4 5 6 mm	DIN 6450
15.	1 Winkelschraubendreher für Schrauben mit Innensechskant	SW 4	ISO 2936
16.	1 Schraubendreher für Schrauben mit Schlitz	1,2 × 8	DIN 5265
17.	2 Parallel-Schraubzwinge	100 mm Spannweite (oder Vergleichbares)	

III Hilfsmittel, die für jeden Prüfling bereitgestellt werden müssen:

1. 1 Schutzbrille
2. 1 Haarschutz (bei nicht arbeitssicherem Haarschnitt)
3. 1 Tabellenbuch (ist vom Prüfling bereitzustellen)
4. 1 Nicht programmierter, netzunabhängiger Taschenrechner ohne Kommunikationsmöglichkeiten mit Dritten (ist vom Prüfling bereitzustellen)
5. 1 Schreibzeug und Faserschreiber (wasserfest) (sind vom Prüfling bereitzustellen)
6. 1 Kreide
7. 1 Putztuch und Handfeger

Alle Messmittel können sowohl analog als auch in digitaler Form ausgewählt werden.

IV Prüfmittel, die für 1 bis 5 Prüflinge bereitgestellt werden müssen:

1.	1 Tiefenmessschieber Form C	135 mm	DIN 862
2.	1 Bügelmessschraube	25–50 mm	
3.	1 Grenzlehrdorn H7	5 6 8 10 12	
4.	1 Satz Radienlehren	1–7 7,5–15 (konkav und konvex)	
5.	1 Stahlmaßstab	150 mm	
6.	1 Universalwinkelmesser		

V Werkzeuge für die manuelle Werkstoffbearbeitung, die für 1 bis 3 Prüflinge bereitgestellt werden müssen:

1.	1 Satz Schlagstempel (arabische Ziffern)	3 mm
2.	1 Maulschlüssel	13
3.	1 Satz Gewindebohrer mit Windeisen und entsprechendem Kernlochbohrer	M5 M6
4.	1 Maschinengewindebohrer	M5 M6
5.	1 Schneideisen mit Schneideisenhalter	M5 M6
6.	1 Laubsägebogen mit Laubsägeblättern für Stahl	

VI Werkzeuge für die maschinelle Werkstoffbearbeitung, die für 1 bis 3 Prüflinge bereitgestellt werden müssen:

1.	1 Zentrierbohrer	A1,6 A2	DIN 333
2.	1 Spiralbohrer	4,0 4,5 5,0 5,1 5,5 6,0 6,6 7,0 7,5 8,0 8,1 mm	DIN 338
3.	1 Flachsenker	10 × 5,5 11 × 6,6	DIN 373
4.	1 Kegelsenker 90° für Bohrungsdurchmesser	3 bis 20 mm	
oder	1 NC-Anbohrer		
5.	1 Maschinenreibahle H7 mit entsprechendem Spiralbohrer	5 6 8 10 12 mm	DIN 212

Die DIN-Angaben der Werkzeuge beziehen sich auf HSS, alternativ kann auch HM verwendet werden.
Die Werkzeuge sind entsprechend den Aufnahmen der entsprechenden Maschinen bereitzustellen.

Anstelle der aufgeführten Positionen können alternativ auch vergleichbare betriebsübliche Werkzeuge, Prüf- und Hilfsmittel verwendet werden.

Der Prüfling ist vom Ausbildenden darüber zu unterrichten, dass seine Arbeitskleidung den Berufsgenossenschaftlichen Vorschriften (BGV) entsprechen muss. Entspricht die Arbeitskleidung nicht den Unfallverhütungsvorschriften nach BGV, dann ist eine Teilnahme an der Prüfung nicht zulässig.

IHK

Abschlussprüfung Teil 1 – Musterprüfung

Materialbereitstellungsliste	**Fertigungsmechaniker/-in** Verordnung vom 2. April 2013

Allgemein

Die Halbzeuge müssen den angegebenen **Normen** [1] entsprechen.
Bei der Vorbereitung sind die nebenstehenden Allgemeintoleranzen zu beachten.
Nicht unterstrichene Maße sind Fertigmaße (Oberflächen √Rz 16).
Unterstrichene Maße sind Rohmaße, die in der Prüfung noch verändert werden. Für die Oberflächen der mit Stern * gekennzeichneten Maße gilt ∀.
Bei zeichnerischen Darstellungen gilt die Projektionsmethode 1 (⊏⊕).

Allgemeintoleranz nach ISO 2768

Toleranzklasse	von 0,5 bis 3	über 3 bis 6	über 6 bis 30	über 30 bis 120	über 120 bis 400
mittel	±0,1	±0,1	±0,2	±0,3	±0,5

I Halbzeuge, die für jeden Prüfling bereitgestellt werden müssen:

1.	1 Flachstahl	80* × 12* × 102	S235JR+C	EN 10278	
2.	1 Flachstahl	80* × 12* × 36	S235JR+C	EN 10278	
3.	2 Flachstahl	40* × 12* × 18+0,1	S235JR+C	EN 10278	
4.	2 Flachstahl	40* × 10* × 18	S235JR+C	EN 10278	
5.	1 Flachstahl	20* × 12* × 30	S235JR+C	EN 10278	
6.	1 Flachstahl	10* × 12* × <u>61</u>	S235JR+C	EN 10278	
7.	1 Flachstahl	30* × 16* × 30–0,1	S235JR+C	EN 10278	vorgefertigt nach Skizze 1
8.	1 Rundstahl	∅ 30* × <u>52</u>	11SMn30+C	EN 10278	
9.	1 Rundstahl	∅ 30* × 10	11SMn30+C	EN 10278	vorgefertigt nach Skizze 2

[1] **EN 10278 zulässige Abweichungen für Flachstähle nach ISO-Toleranzfeld h11;**
EN 10278 zulässige Nenndurchmesserabweichungen für Rundstähle nach ISO-Toleranzfeld h11.

II Normteile, die für jeden Prüfling bereitgestellt werden müssen:

1.	1 Flachkopfschraube	M6 × 10	5.8	DIN 923
2.	9 Zylinderschraube	M5 × 10	8.8	ISO 4762
3.	2 Zylinderschraube	M5 × 12	8.8	ISO 4762
4.	3 Zylinderstift	5 × 20-A	St	ISO 8734

Anstelle der aufgeführten Positionen können alternativ auch vergleichbare betriebsübliche Werkstoffe für Halbzeuge bzw. Normteile mit für die Anwendung ausreichenden Eigenschaften verwendet werden.

M 0596 B1 -pk-gelb-151014 5

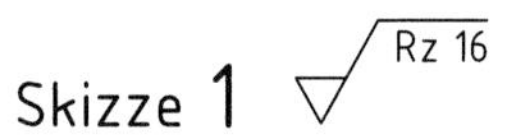

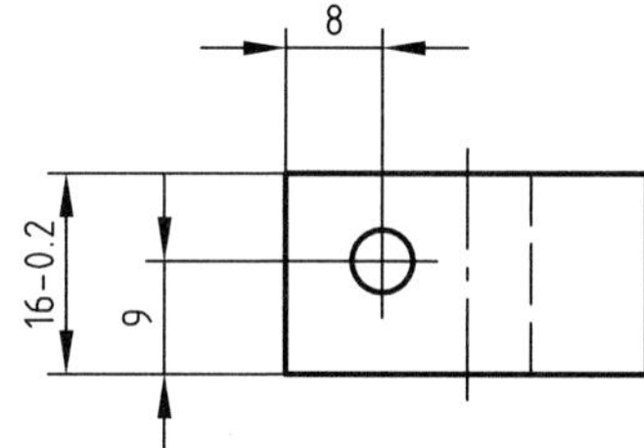

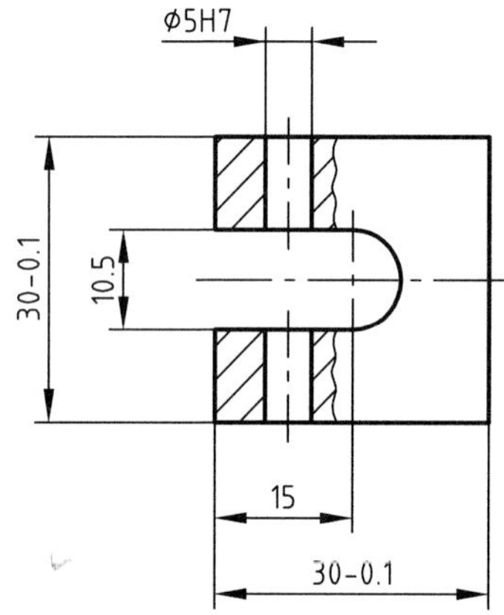

Skizze 2 Rz 16

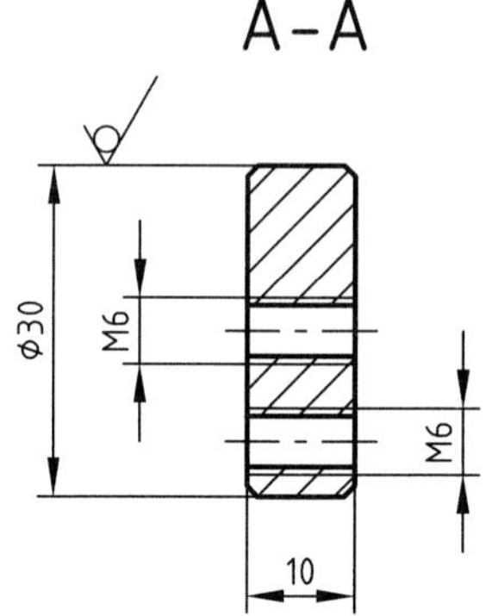

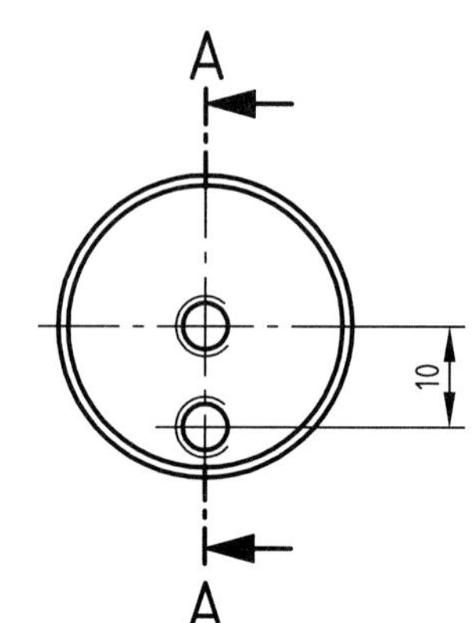

nicht bemaßte Fasen 1×45°

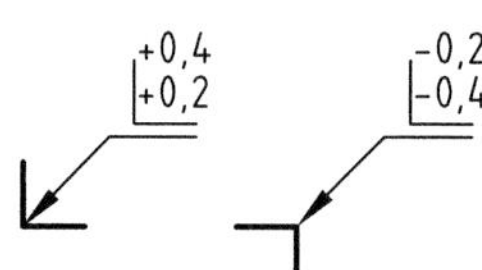

Für die Oberflächenbeschaffenheit der Bohrungen, Senkungen und geriebenen Bohrungen gilt der mit dem Fertigungsverfahren bei fachgerechter Anwendung erreichbare Endzustand.

Vom Prüfungsbetrieb sind die in der Bereitstellungsliste aufgeführten Positionen bereitzustellen. Diese bilden einen Pool an Betriebs- und Arbeitsmitteln, welcher vom Prüfbetrieb bereitgestellt werden muss, unabhängig davon ob er benötigt wird oder nicht.

Anstelle der aufgeführten Positionen können alternativ auch vergleichbare betriebsübliche Betriebs- und Arbeitsmittel mit für die Anwendung ausreichenden Eigenschaften bereitgestellt werden.

Vor der Prüfung ist eine Begehung der örtlichen Gegebenheiten und eine Sicherheitsunterweisung an den zu benutzenden Maschinen durchzuführen.

IHK

Abschlussprüfung Teil 1 – Musterprüfung

Bereitstellungsliste für den Prüfungsbetrieb	**Fertigungsmechaniker/-in** Verordnung vom 2. April 2013

Der Prüfling hat anhand der Liste die Prüfmittel, Werkzeuge und Hilfsmittel auszuwählen, die er für die Bearbeitung der Werkstücke benötigt.

I Betriebs- und Arbeitsmittel, die für jeden Prüfling vorhanden sein müssen:

1. 1 Arbeitsplatz mit Parallelschraubstock (100 bis 150 mm Backenbreite mit Schutzbacken oder geschliffenen Backen)

II Betriebs- und Arbeitsmittel, die für 1 bis 3 Prüflinge vorhanden sein müssen:

Nr.	Anz.	Betriebs- und Arbeitsmittel	Ausführung	Norm
1.	1	Tisch- oder Säulenbohrmaschine bis 16 mm Bohrleistung, inkl. Zubehör, zum Reiben geeignet		
2.	1	Leit- und Zugspindeldrehmaschine mit allgemeinem Zubehör, Bearbeitungsgröße ∅ 50 × 200 mm		
3.		Zubehör für Drehmaschine		
3.1	1	Dreibackenfutter		
3.2	1	Mitlaufende Zentrierspitze		
3.3	1	Bohrfutter 1 bis 13 mm und Reduzierhülsen		
4.		Drehmeißel: Drehmeißelschneide aus HSS oder Hartmetall, Schaft gemäß Aufnahmen		
4.1	1	Gebogener Drehmeißel		DIN 4952
4.2	1	Abgesetzter Seitendrehmeißel		DIN 4960
4.3	1	Formdrehmeißel für Gewindefreistich	~~M5~~ M6 ~~M8~~ ~~M10~~ Form A ~~Form B~~	DIN 76
5.	1	Universalfräsmaschine mit allgemeinem Zubehör, Maschinenschraubstock mit betriebsüblichem Unterlagensatz		
6.	1	Kanten- oder 3D-Taster		
7.		Fräswerkzeuge		
7.1	1	Walzenstirnfräser	50N oder 63N	DIN 841
7.2	1	Schaftfräser zum Schruppen, Zentrumschnitt	A8N A10N A12N A16N	DIN 844
7.3	1	Schaftfräser zum Schlichten, Zentrumschnitt	A8N A10N A12N A16N	DIN 844

III Betriebs- und Arbeitsmittel, die für 1 bis 5 Prüflinge vorhanden sein müssen:

Nr.	Anz.	Betriebs- und Arbeitsmittel
1.	1	Anreißplatz
2.		Zubehör zum Anreißen
2.1	1	Höhenreißer 200 mm (Noniusteilung mindestens 0,1 mm)
2.2	1	Anreißwinkel
2.3	1	Anreißprisma
2.4		Anreißlack oder Vergleichbares

Richtzeiten für die Maschinenbearbeitung:

Drehen	ca. 30 min
Fräsen	ca. 60 min

Anstelle der aufgeführten Positionen können alternativ auch vergleichbare betriebsübliche Betriebs- und Arbeitsmittel mit für die Anwendung ausreichenden Eigenschaften verwendet werden.

 M 0596 C1 -pk-blau-180214 -1-(1)

Der Prüfling hat in einer Vorgabezeit von 6,5 Stunden eine vom Fachausschuss entwickelte funktionsfähige Baugruppe herzustellen.
Diese ist in die Arbeitsphasen „Planung“, „Durchführung“ und „Kontrolle“ gegliedert.

Für die Bearbeitung der praktischen Aufgabenstellung sind dem Prüfling folgende Unterlagen auszuhändigen:

- Arbeitsblatt „Beschreibung der Arbeitsaufgabe“
- Zeichnung(-en)
- Arbeitsblatt „Information und Planung“ (Blatt 1 von 4)
- Arbeitsblatt „Kontrolle“ (Blatt 2 von 4)

Der Prüfling hat sich innerhalb der Vorgabezeit von 6,5 Stunden in die Prüfungsunterlagen einzuarbeiten. Danach führt er die geforderten Aufgaben zu den Arbeitsphasen durch. Die Reihenfolge der geforderten Aufgaben ist vom Prüfling selbstständig sinnvoll zu wählen. Der Prüfling legt dabei die manuelle bzw. die maschinelle Bearbeitungstechniken, seine Vorgehensweisen und die Zeitpunkte selbst fest.

Bei der Durchführung der Aufgabenstellung muss die Prüfungsaufsicht besonders darauf achten, dass eine Kommunikation der Prüflinge untereinander unterbleibt. Es empfiehlt sich deshalb, alle Prüflinge in der Prüfungswerkstatt gleichzeitig mit der Aufgabenstellung beginnen zu lassen.

Nach der Fertigstellung der Baugruppe beziehungsweise am Ende der Prüfungszeit übergibt der Prüfling die Unterlagen und die gefertigte/n Baugruppe/Einzelteile dem Prüfungsausschuss.

Die Handlungsphase „Planung“ geht mit 10 % in das Ergebnis der Arbeitsaufgabe ein.

Die Handlungsphase „Durchführung“ geht mit 80 % in das Ergebnis der Arbeitsaufgabe ein.

Die Handlungsphase „Kontrolle“ geht mit 10 % in das Ergebnis der Arbeitsaufgabe ein.

IHK

Abschlussprüfung Teil 1 – Musterprüfung

Beschreibung der Arbeitsaufgabe	**Fertigungsmechaniker/-in** Verordnung vom 2. April 2013

1 **Allgemein**

In der Abschlussprüfung Teil 1 haben Sie eine Arbeitsaufgabe zu bearbeiten. Diese ist in eine Planungs-, Durchführungs- und Kontrollphase gegliedert.

2 **Vorgabezeit: 6,5 h**

Richtzeit für die Arbeitsphase „Planung" 0,5 h
Richtzeit für die Arbeitsphase „Durchführung" 5,5 h
Richtzeit für die Arbeitsphase „Kontrolle" 0,5 h

3 **Prüfungsunterlagen, die jeder Prüfling zusätzlich zum vorliegenden Blatt für die Arbeitsaufgabe benötigt:**

- Zeichnungssatz (3 Blatt)
- Arbeitsblatt „Information und Planung"
- Arbeitsblatt „Kontrolle"

4 **Kennzeichnung der Prüfungsunterlagen**

Tragen Sie in den Kopf sämtlicher Prüfungsunterlagen Ihren Vor- und Familiennamen und Ihre Prüflingsnummer ein.

5 **Beschreibung der Arbeitsaufgabe**

Herstellen einer funktionsfähigen Baugruppe.

Funktion:
Durch das Drehen der Antriebswelle (Pos.-Nr. 8) wird ein Horizontalhub erzeugt.

6 **Planungsphase** **Richtzeit: 0,5 h**

Arbeiten Sie sich in die Zeichnungen ein, beantworten Sie die Fragen und erstellen Sie den Arbeitsplan auf dem Arbeitsblatt „Information und Planung".

7 **Durchführungsphase** **Richtzeit: 5,5 h**

Sie haben die Aufgabe, die Baugruppe herzustellen.

Fertigen: – Herstellung der Einzelteile
– Kennzeichnung der Bauteile
Fügen: – Montage der Einzelteile zur Baugruppe
Prüfen: – Funktionskontrolle durchführen

Sie müssen während der Prüfung die Vorschriften zur Arbeitssicherheit einhalten.

8 **Kontrollphase** **Richtzeit: 0,5 h**

Überprüfen Sie auf dem Arbeitsblatt „Kontrolle" (Blatt 2 von 4) Ihren Arbeitsauftrag. Beurteilen Sie, ob die vorgegebenen Merkmale erfüllt sind. Dokumentieren Sie dabei Ihre Entscheidungsfindung in der Tabelle.

9 **Abgabe der Unterlagen**

Vergewissern Sie sich, dass alle Unterlagen, auch Ihre eigenen Dokumentationen, Skizzen und Notizen, mit Ihrem Vor- und Familiennamen sowie Ihrer Prüflingsnummer versehen sind. Übergeben Sie danach die Unterlagen zusammen mit der Baugruppe dem Prüfungsausschuss.

 M 0596 P1 -pk-weiß-150414 -1-(1)

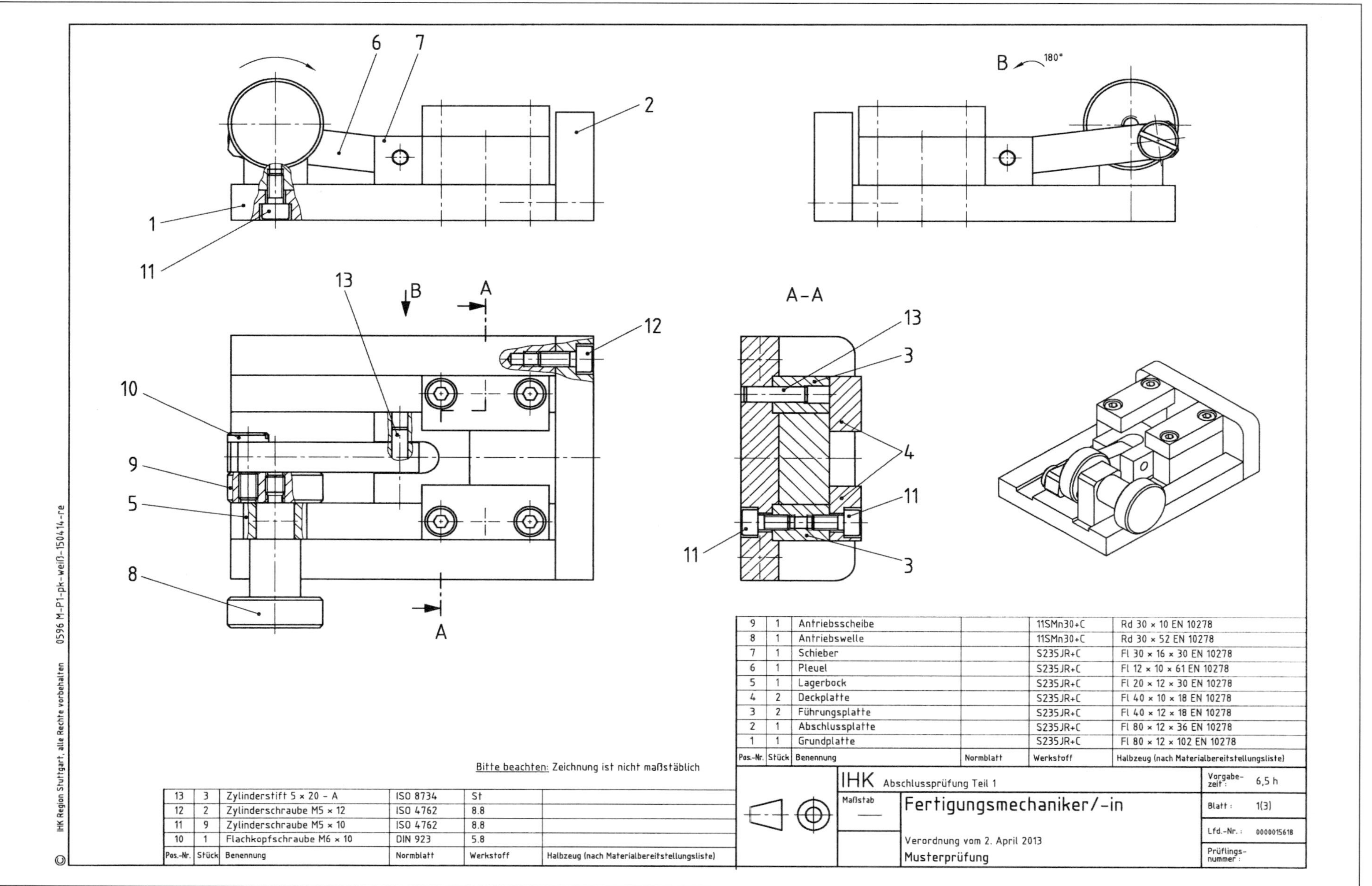
B 180°
A-A
Bitte beachten: Zeichnung ist nicht maßstäblich
9 | 1 | Antriebsscheibe | | 11SMn30+C | Rd 30 × 10 EN 10278
8 | 1 | Antriebswelle | | 11SMn30+C | Rd 30 × 52 EN 10278
7 | 1 | Schieber | | S235JR+C | Fl 30 × 16 × 30 EN 10278
6 | 1 | Pleuel | | S235JR+C | Fl 12 × 10 × 61 EN 10278
5 | 1 | Lagerbock | | S235JR+C | Fl 20 × 12 × 30 EN 10278
4 | 2 | Deckplatte | | S235JR+C | Fl 40 × 10 × 18 EN 10278
3 | 2 | Führungsplatte | | S235JR+C | Fl 40 × 12 × 18 EN 10278
2 | 1 | Abschlussplatte | | S235JR+C | Fl 80 × 12 × 36 EN 10278
1 | 1 | Grundplatte | | S235JR+C | Fl 80 × 12 × 102 EN 10278
Pos.-Nr. | Stück | Benennung | Normblatt | Werkstoff | Halbzeug (nach Materialbereitstellungsliste)
13 | 3 | Zylinderstift 5 × 20 – A | ISO 8734 | St
12 | 2 | Zylinderschraube M5 × 12 | ISO 4762 | 8.8
11 | 9 | Zylinderschraube M5 × 10 | ISO 4762 | 8.8
10 | 1 | Flachkopfschraube M6 × 10 | DIN 923 | 5.8
Pos.-Nr. | Stück | Benennung | Normblatt | Werkstoff | Halbzeug (nach Materialbereitstellungsliste)
Maßstab —
IHK Abschlussprüfung Teil 1
Fertigungsmechaniker/-in
Verordnung vom 2. April 2013
Musterprüfung
Vorgabezeit: 6,5 h
Blatt: 1(3)
Lfd.-Nr.: 0000015618
Prüflingsnummer:
© IHK Region Stuttgart, alle Rechte vorbehalten
0596 M-P1-pk-weiß-150414-re

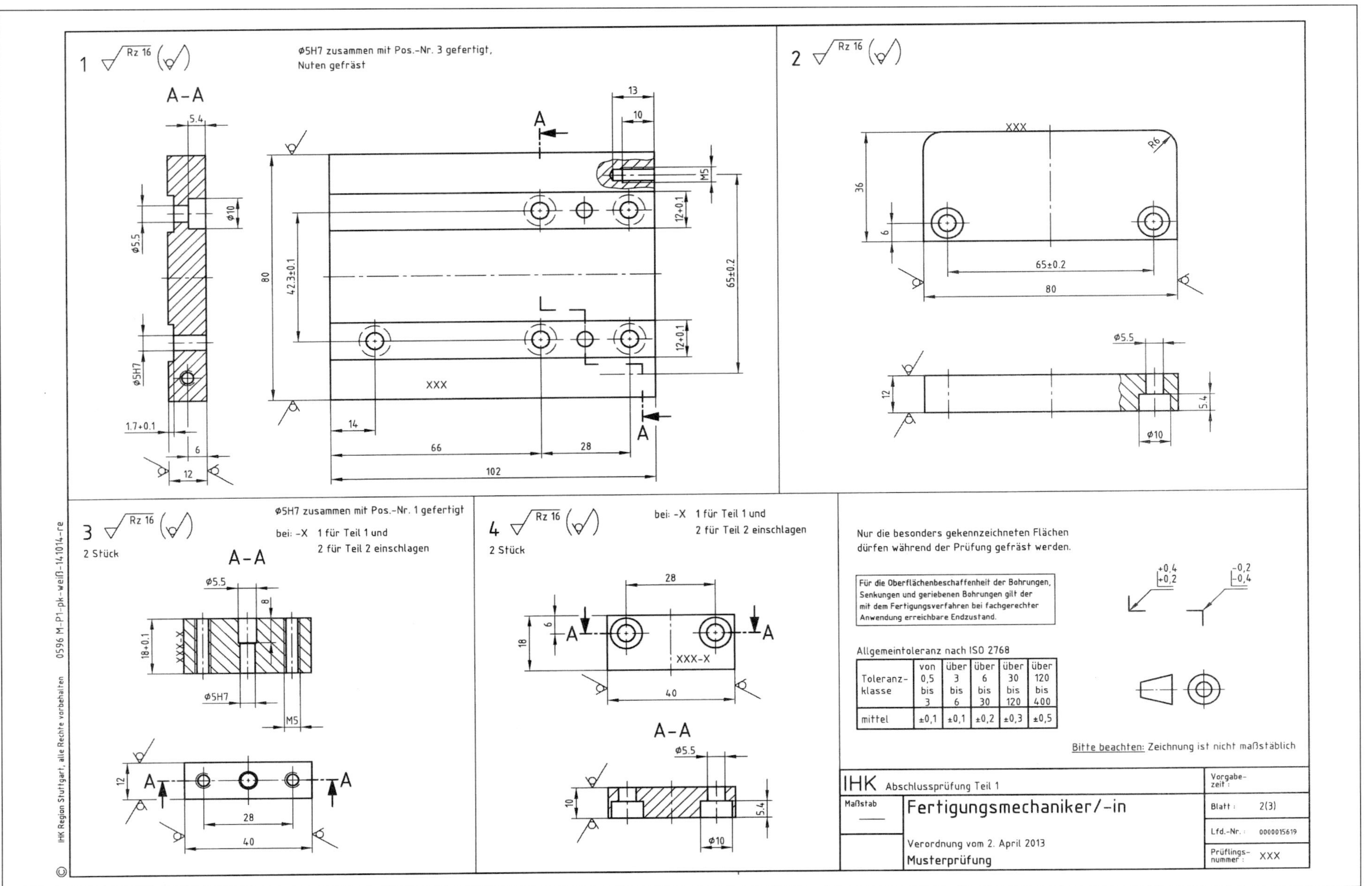
1 Rz 16
A–A
⌀5H7 zusammen mit Pos.-Nr. 3 gefertigt,
Nuten gefräst
2 Rz 16
XXX
3 Rz 16
2 Stück
⌀5H7 zusammen mit Pos.-Nr. 1 gefertigt
bei: -X 1 für Teil 1 und
2 für Teil 2 einschlagen
4 Rz 16
2 Stück
bei: -X 1 für Teil 1 und
2 für Teil 2 einschlagen
Nur die besonders gekennzeichneten Flächen
dürfen während der Prüfung gefräst werden.
Für die Oberflächenbeschaffenheit der Bohrungen, Senkungen und geriebenen Bohrungen gilt der mit dem Fertigungsverfahren bei fachgerechter Anwendung erreichbare Endzustand.
Allgemeintoleranz nach ISO 2768
Toleranzklasse | von 0,5 bis 3 | über 3 bis 6 | über 6 bis 30 | über 30 bis 120 | über 120 bis 400
mittel | ±0,1 | ±0,1 | ±0,2 | ±0,3 | ±0,5
Bitte beachten: Zeichnung ist nicht maßstäblich
IHK Abschlussprüfung Teil 1
Fertigungsmechaniker/-in
Verordnung vom 2. April 2013
Musterprüfung
Maßstab
Vorgabezeit:
Blatt: 2(3)
Lfd.-Nr.: 0000015619
Prüflingsnummer: XXX
IHK Region Stuttgart, alle Rechte vorbehalten
0596 M-P1-pk-weiß-141014-re

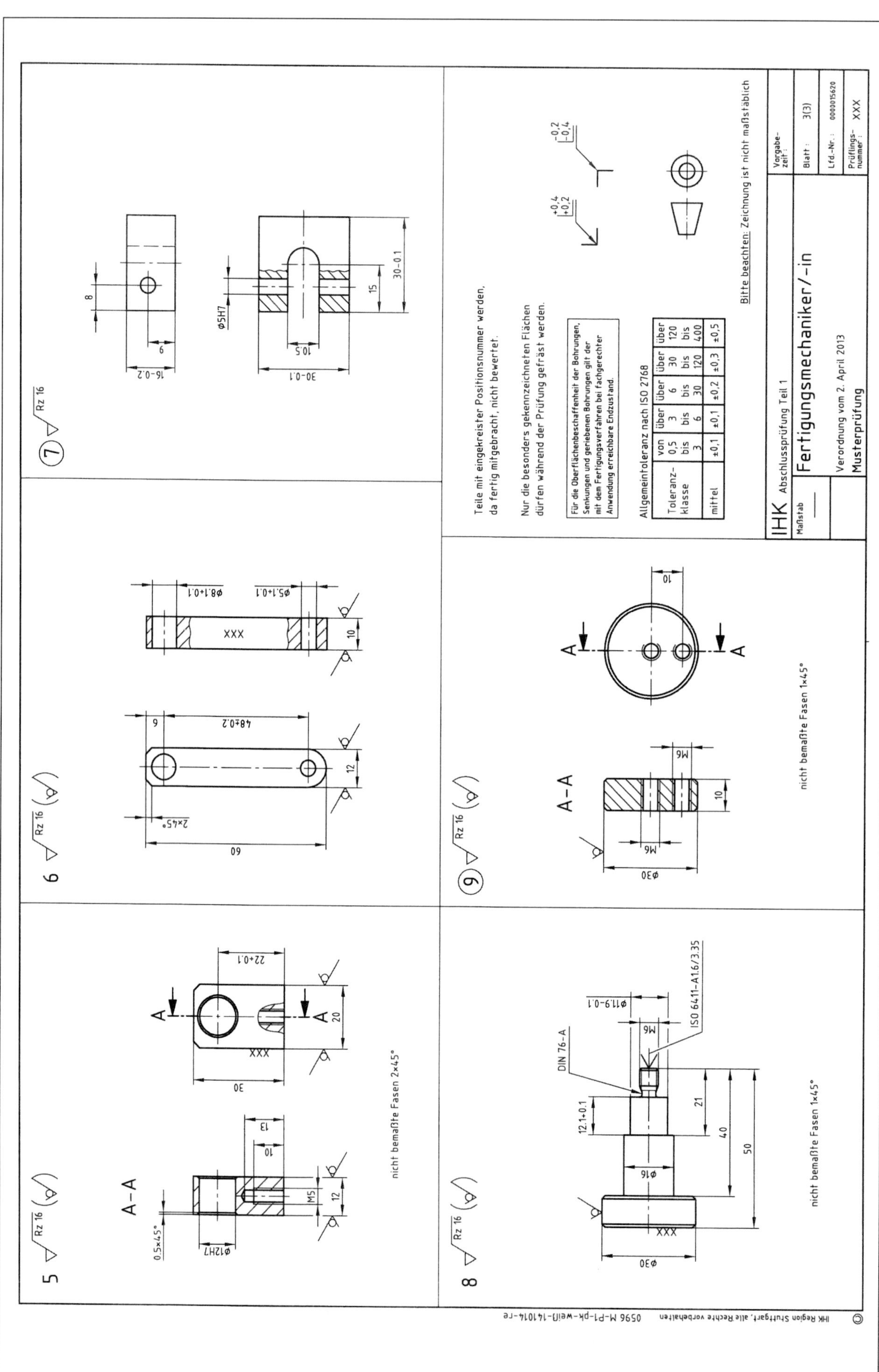
Teile mit eingekreister Positionsnummer werden, da fertig mitgebracht, nicht bewertet.
Nur die besonders gekennzeichneten Flächen dürfen während der Prüfung gefräst werden.
Für die Oberflächenbeschaffenheit der Bohrungen, Senkungen und geriebenen Bohrungen gilt der mit dem Fertigungsverfahren bei fachgerechter Anwendung erreichbare Endzustand.
Allgemeintoleranz nach ISO 2768
Toleranz-klasse
von 0,5 bis 3
über 3 bis 6
über 6 bis 30
über 30 bis 120
über 120 bis 400
mittel
±0,1
±0,1
±0,2
±0,3
±0,5
Bitte beachten: Zeichnung ist nicht maßstäblich
IHK
Abschlussprüfung Teil 1
Fertigungsmechaniker/-in
Verordnung vom 2. April 2013
Musterprüfung
Maßstab
Vorgabe-zeit:
Blatt: 3(3)
Lfd.-Nr.: 0000015620
Prüflings-nummer: XXX
nicht bemaßte Fasen 2x45°
nicht bemaßte Fasen 1x45°
DIN 76-A
ISO 6411-A1,6/3,35
A-A
Rz 16
IHK Region Stuttgart, alle Rechte vorbehalten
0596 M-P1-pk-weiß-141014-re

IHK Abschlussprüfung Teil 1 – Musterprüfung	Vor- und Familienname:	Blatt 1 von 4
	Prüflingsnummer:	Datum:
Information und Planung Richtzeit: 0,5 h	**Fertigungsmechaniker/-in** Verordnung vom 2. April 2013	

Tragen Sie in den Kopf des Aufgabenhefts Ihren Vor- und Familiennamen und Ihre Prüflingsnummer ein.
Arbeiten Sie sich in die Ihnen für die Durchführung der Arbeitsaufgabe überreichten Unterlagen ein und überlegen Sie sorgfältig, wie Sie bei der Herstellung und Montage der Arbeitsaufgabe vorgehen würden.
Dann bearbeiten Sie die Aufgaben 1 bis 5. Nennen Sie die Aufgabenlösung stichwortartig oder mit kurzen Sätzen.

Punkteschlüssel: 10 bis 0 Punkte

Notizen des Prüfungsausschusses zur Bewertung

1

Zeichnung Blatt 1(3)
Stückliste

Erläutern Sie die Angabe M5 × 12 8.8 der Zylinderschraube (Pos.-Nr. 12) vollständig.

Aufgabenlösung:

M5:

12:

8.8:

Faktor 1

Punkte

2

Zeichnung Blatt 2(3)
Pos.-Nr. 1

Für die Gewindebohrung M5 muss eine Kernlochbohrung angefertigt werden. Die eingestellte Drehzahl beträgt 1 364 min^{-1}.
Welche Schnittgeschwindigkeit v_c wurde beim Bohren verwendet?

Aufgabenlösung:

Faktor 1

Punkte

 M 0596 P2 -pk-weiß-151014 1

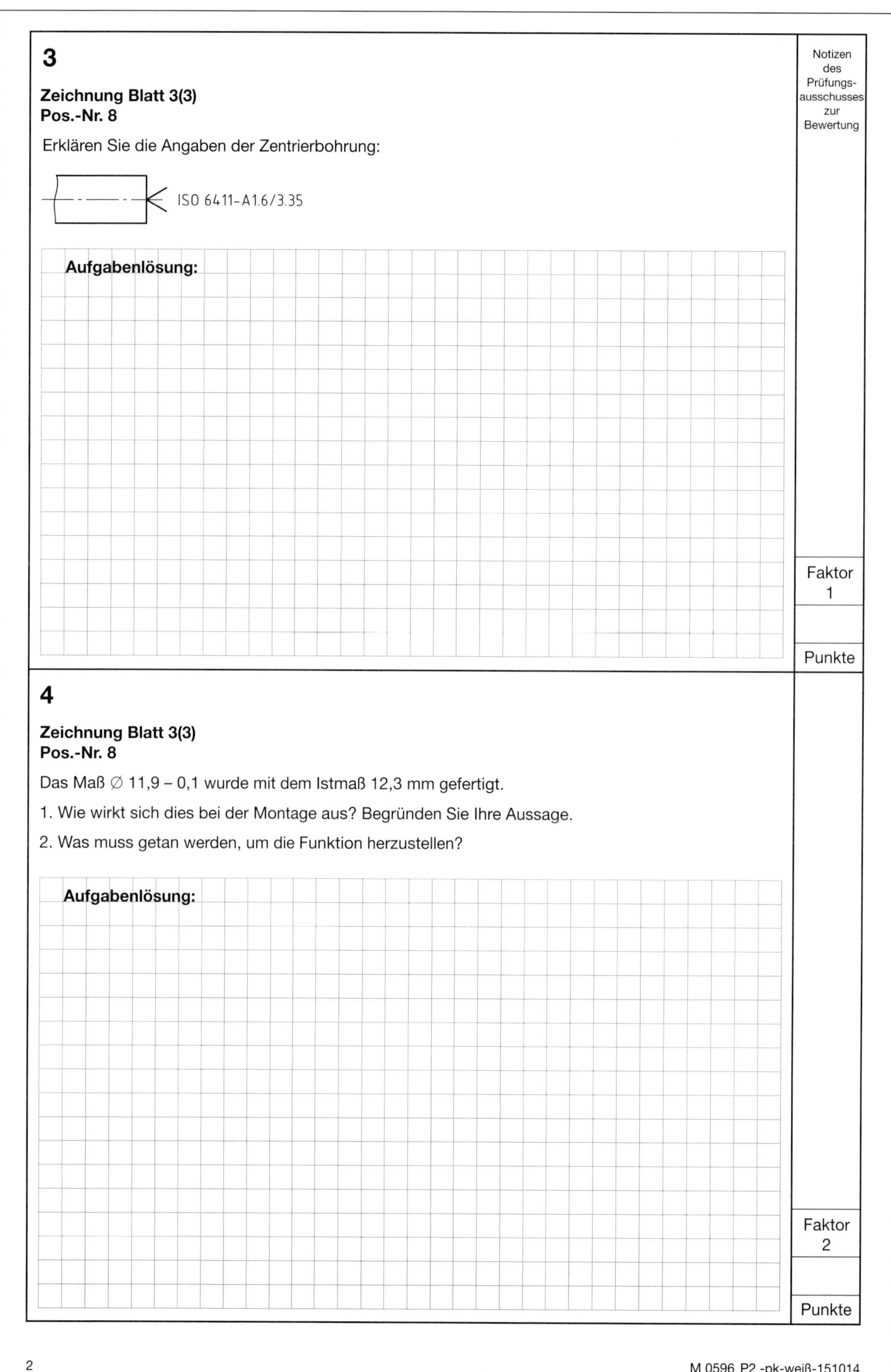

3

Zeichnung Blatt 3(3)
Pos.-Nr. 8

Erklären Sie die Angaben der Zentrierbohrung:

ISO 6411-A1.6/3.35

Aufgabenlösung:

Notizen des Prüfungsausschusses zur Bewertung

Faktor 1

Punkte

4

Zeichnung Blatt 3(3)
Pos.-Nr. 8

Das Maß ∅ 11,9 – 0,1 wurde mit dem Istmaß 12,3 mm gefertigt.

1. Wie wirkt sich dies bei der Montage aus? Begründen Sie Ihre Aussage.
2. Was muss getan werden, um die Funktion herzustellen?

Aufgabenlösung:

Faktor 2

Punkte

2

M 0596 P2 -pk-weiß-151014

Notizen des Prüfungsausschusses zur Bewertung

5

Zeichnung Blatt 3(3)
Pos.-Nr. 8

Zur Fertigung der Antriebswelle (Pos.-Nr. 8) muss eine Vorgehensweise festgelegt werden. Nummerieren Sie dazu die Arbeitsschritte in der richtigen Reihenfolge.

Aufgabenlösung:

Lfd. Nr.	Arbeitsschritt
	Werkstück entgraten
	∅ 5,8 drehen und prüfen
	Mitlaufende Zentrierspitze entfernen
	Werkstück einspannen und plandrehen
	Gewinde M6 schneiden und prüfen
	Gewindefreistich DIN 76-A drehen
	Werkstück reinigen, entgraten und Rohmaße überprüfen
	Werkstück umspannen
	Zentrierbohrung nach ISO 6411 fertigen und mitlaufende Zentrierspitze am Werkstück anbringen
	Werkstück entgraten und Fase für den Gewindeanschnitt drehen
	Werkstück ausspannen, Qualitätskontrolle durchführen und Prüflingsnummer nach Zeichnungsangabe einschlagen
	∅ 11,9 – 0,1 drehen und prüfen
	∅ 16 drehen und prüfen
	Werkstück auf Länge 50 plandrehen und prüfen

Faktor 5

Punkte

Zwischenergebnis:
(max. 100 Punkte)

Feld P1

Übertragen Sie das Ergebnis von Feld P1 in den Bewertungsbogen Blatt 4 von 4, Seite -1-(2).

Der Prüfling hat auf dem Blatt „Kontrolle“ (Blatt 2 von 4) zu beurteilen und zu dokumentieren, ob die von ihm gefertigten Bauteile maß- bzw. lehrenhaltig sind. Er hat bei den vorgegebenen Merkmalen das Ist-Maß zu ermitteln und im Abschnitt „Merkmal erfüllt“ durch Ankreuzen zu beurteilen, ob die Vorgabe erfüllt wurde.

Die Bearbeitung des Kontrollblatts kann gleichzeitig mit der Durchführung erfolgen. Die vom Prüfling festgestellten Fehler darf er innerhalb der Vorgabezeit korrigieren.

Für die Bewertung der auf dem Arbeitsblatt „Kontrolle“ (Blatt 2 von 4) angegebenen Merkmale ist ausschließlich von Bedeutung, ob der Prüfling die fachgerechte Bearbeitung und/oder die Maßhaltigkeit der von ihm gefertigten Bauteile richtig beurteilt hat.

Der Prüfling erhält 10 Punkte, wenn seine Bewertung (Merkmal erfüllt ja/nein) mit der Bewertung der Mitglieder des Prüfungsausschusses übereinstimmt.

Die vom Prüfling gemessenen Istmaße sind bei der Bewertung des Prüfprotokolls nicht zu berücksichtigen.

Für die Bewertung des Prüfprotokolls ist ausschließlich von Bedeutung, dass der Prüfling die Maßhaltigkeit und fachgerechte Bearbeitung der **von ihm gefertigten Einzelteile** und die Funktion richtig beurteilt hat, unabhängig davon ob die Einzelteile maßhaltig und fachgerecht ausgeführt sind und die Funktion vorhanden ist.

IHK Abschlussprüfung Teil 1 – Musterprüfung	Vor- und Familienname:	Blatt 2 von 4
	Prüflingsnummer:	Datum:
Kontrolle Richtzeit: 30 min	**Fertigungsmechaniker/-in** Verordnung vom 2. April 2013	

Arbeitsanweisung: Überprüfen Sie Ihre gefertigten Einzelteile auf Maß- bzw. Lehrenhaltigkeit. Beurteilen Sie, ob die vorgegebenen Merkmale erfüllt wurden. Ergänzen Sie die Tabelle.

Prüfprotokoll

Punkteschlüssel: *10 oder 0 Punkte

Lfd. Nr.	Pos.-Nr.	Merkmale		Abmaße	Prüfling Istmaße	Prüfling Merkmal erfüllt ja	Prüfling Merkmal erfüllt nein	Mitglieder des Prüfungsausschusses Istmaße	Mitglieder des Prüfungsausschusses Merkmal erfüllt ja	Mitglieder des Prüfungsausschusses Merkmal erfüllt nein	Notizen des Prüfungsausschusses zur Bewertung
1	1	Bohrungsabstand	14	±0,2							
2	1	Nutabstand	42,3	±0,1							
3	2	Bohrungsabstand	65	±0,2							
4	4	Bohrungsabstand Teil 1 (∅ 5,5)	28	±0,2							
5	4	Bohrungsabstand Teil 2 (∅ 5,5)	28	±0,2							
6	5	Bohrung	12H7	GLD	X			X			
7	5	Bohrungsabstand	22	+0,1							
8	6	Länge	60	±0,3							
9	8	Durchmesser	11,9	–0,1							
10	8	Länge	21	±0,2							

Zwischenergebnis: (max. 100 Punkte) Feld K1

Wird von den Mitgliedern des Prüfungsausschusses ausgefüllt.

* Der Prüfling erhält 10 Punkte, wenn seine Bewertung (Merkmal erfüllt ja/nein) mit der Bewertung der Mitglieder des Prüfungsausschusses übereinstimmt.
Die vom Prüfling gemessenen Istmaße sind bei der Bewertung des Prüfprotokolls nicht zu berücksichtigen.

Für die Bewertung des Prüfprotokolls ist ausschließlich von Bedeutung, dass der Prüfling die Maßhaltigkeit und fachgerechte Bearbeitung der **von ihm gefertigten Einzelteile** richtig beurteilt hat, unabhängig davon, ob die Einzelteile maßhaltig und fachgerecht ausgeführt sind und die Funktion vorhanden ist.

 M 0596 P4 -pk-weiß-151014 -1-(1)

IHK Abschlussprüfung Teil 1 – Musterprüfung	Vor- und Familienname:	Blatt 2 von 4
	Prüflingsnummer:	Datum:
Kontrolle Richtzeit: 30 min	**Fertigungsmechaniker/-in** Verordnung vom 2. April 2013	

Arbeitsanweisung: Überprüfen Sie Ihre gefertigten Einzelteile auf Maß- bzw. Lehrenhaltigkeit. Beurteilen Sie, ob die vorgegebenen Merkmale erfüllt wurden. Ergänzen Sie die Tabelle.

Prüfprotokoll

Punkteschlüssel: *10 oder 0 Punkte

Lfd. Nr.	Pos.-Nr.	Merkmale		Abmaße	Prüfling			Mitglieder des Prüfungsausschusses			Notizen des Prüfungsausschusses zur Bewertung
					Istmaße	Merkmal erfüllt		Istmaße	Merkmal erfüllt		
						ja	nein		ja	nein	
1	1	Bohrungsabstand	14	±0,2	14,0	x		14,0	x		10
2	1	Nutabstand	42,3	±0,1	42,3	x		42,3	x		10
3	2	Bohrungsabstand	65	±0,2	64,7	x		64,7		x	0
4	4	Bohrungsabstand Teil 1 (∅ 5,5)	28	±0,2	28,2	x		28,25		x	0
5	4	Bohrungsabstand Teil 2 (∅ 5,5)	28	±0,2	28,1	x		28,1	x		10
6	5	Bohrung	12H7	GLD		x			x		10
7	5	Bohrungsabstand	22	+0,1	22,2		x	22,2		x	10
8	6	Länge	60	±0,3	60,1		x	60,1	x		0
9	8	Durchmesser	11,9	–0,1	11,85	x		11,85	x		10
10	8	Länge	21	±0,2	21,3		x	21,2	x		0

Zwischenergebnis: (max. 100 Punkte) | 0 | 6 | 0 |

Feld K1

▭ Wird von den Mitgliedern des Prüfungsauschusses ausgefüllt.

* Der Prüfling erhält 10 Punkte, wenn seine Bewertung (Merkmal erfüllt ja/nein) mit der Bewertung der Mitglieder des Prüfungsauschusses übereinstimmt.
Die vom Prüfling gemessenen Istmaße sind bei der Bewertung des Prüfprotokolls nicht zu berücksichtigen.

Für die Bewertung des Prüfprotokolls ist ausschließlich von Bedeutung, dass der Prüfling die Maßhaltigkeit und fachgerechte Bearbeitung der **von ihm gefertigten Einzelteile** und die Funktion richtig beurteilt hat, unabhängig davon, ob die Einzelteile maßhaltig und fachgerecht ausgeführt sind und die Funktion vorhanden ist.

Mit dem „Bewertungsbogen Durchführung“ (Blatt 3 von 4) wird eine Funktions-, Sicht- und Maßkontrolle an den Bauteilen durchgeführt. Die Zwischenergebnisse sind in den Gesamtbewertungsbogen (Blatt 4 von 4) Seite 1(2) zu übertragen.

IHK Abschlussprüfung Teil 1 – Musterprüfung	Vor- und Familienname:	Blatt 3 von 4
	Prüflingsnummer:	Datum:
Bewertungsbogen Durchführung Arbeitsaufgabe	**Fertigungsmechaniker/-in** Verordnung vom 2. April 2013	

Notizen des Prüfungsausschusses zur Bewertung

Lfd. Nr.	Pos.-Nr.	Funktions- und Sichtkontrolle	Punkteschlüssel: 10 bis 0 Funktions-kontrolle	Sicht-kontrolle
1	1–13	Baugruppe vollständig montiert, Schrauben festgedreht		
2	1–13	Durch Drehen der Antriebswelle (Pos.-Nr. 8) bewegt sich der Schieber (Pos.-Nr. 7) funktionsgerecht		
		Demontage von Pos.-Nr. 10		
3	1–9, 11–13	Schieber (Pos.-Nr. 7) lässt sich funktionsgerecht bewegen		
4	1–6, 8	Alle Teile nach Zeichnung gefertigt		
5	2, 5, 6	Ebenheit der gefeilten Flächen		
6	2, 5, 6	Winkligkeit der gefeilten Flächen		
7	2	Radien R6 lehrenhaltig		
8	6	Radius R6 lehrenhaltig		
9	2, 5, 6	Oberflächengüte der gefeilten Flächen		
10	1	Oberflächengüte der gefrästen Flächen		
11	8	Oberflächengüte der gedrehten Flächen		
12	1–6, 8	Fachgerecht entgratet und gekennzeichnet		
		Zwischenergebnis:		
			Feld D1	Feld D2

 M 0596 W2 -pk-rot-180214 -1-(2)

Notizen des Prüfungsausschusses zur Bewertung

Lfd. Nr.	Pos.-Nr.	Maßkontrolle		Punkteschlüssel: 10 oder 0 Punkte		
				Abmaße	Istmaße	Punkte
1	1	Nutbreite (oben)	12	+0,1		
2	1	Nuttiefe (unten)	1,7	+0,1		
3	1	Nutabstand	42,3	±0,1		
4	1	Bohrungsabstand (∅ 5,5)	14	±0,2		
5	2	Bohrungsabstand	65	±0,2		
6	2	Senktiefe (links)	5,4	±0,1		
7	4	Bohrungsabstand (Teil 1) (∅ 5,5)	28	±0,2		
8	4	Bohrungsabstand (Teil 2) (∅ 5,5)	28	±0,2		
9	5	Bohrungsabstand	22	+0,1		
10	5	Bohrungsdurchmesser	12H7	GLD		
11	6	Bohrungsabstand	48	±0,2		
12	6	Länge	60	±0,3		
13	8	Durchmesser	11,9	−0,1		
14	8	Durchmesser	16	±0,2		
15	8	Länge	21	±0,2		
16	8	Länge	40	±0,3		
17	8	Länge	50	±0,3		

Zwischenergebnis: Feld D3

Übertragen Sie die Zwischenergebnisse von Feld D1–D3 in den Bewertungsbogen Blatt 4 von 4, Seite -1-(2).

-2-(2)

M 0596 W2-pk-rot-281014

Auf dem „Gesamtbewertungsbogen“ Seite 1(2) (Blatt 4 von 4) sind die Zwischenergebnisse der Durchführungs- und Kontrollphase einzutragen. Nach der Multiplikation mit den Gewichtungsfaktoren ergibt die Summe davon das Ergebnis der praktischen Aufgabenstellung.

Auf der Rückseite (Seite 2(2)) werden das Ergebnis der praktischen Aufgabenstellung und das der schriftlichen Aufgabenstellungen übertragen und mit dem jeweiligen Gewichtungsfaktor (50 %) multipliziert. Die Addition daraus ergibt das Ergebnis der gestreckten Abschlussprüfung Teil 1 im „100-Punkte-Schlüssel“.

Dieses Ergebnis geht mit einer Gewichtung von 40 % in das Gesamtergebnis der gestreckten Abschlussprüfung (Teil 1 und Teil 2) ein.

IHK Abschlussprüfung Teil 1 – Musterprüfung	Vor- und Familienname:	Blatt 4 von 4
	Prüflingsnummer:	Datum:
Gesamtbewertungsbogen	**Fertigungsmechaniker/-in** Verordnung vom 2. April 2013	

Lfd. Nr.	**Planung**		Zwischen- ergebnisfeld		Divisor	Ergebnis im 100-Punkte-Schlüssel	Gewich- tungsfaktor	Zwischen- ergebnis
1	Information und Planung	Blatt 1 von 4	P1				1	

Ergebnis der Information und Planung: (max. 100 Punkte) [ ] Feld 1

Lfd. Nr.	**Durchführung**		Zwischen- ergebnisfeld		Divisor	Ergebnis im 100-Punkte-Schlüssel	Gewich- tungsfaktor	Zwischen- ergebnis
1	Funktionskontrolle	Blatt 3 von 4	D1		0,3		0,3	
2	Sichtkontrolle	Blatt 3 von 4	D2		0,9		0,3	
3	Maßkontrolle	Blatt 3 von 4	D3		1,7		0,4	

Ergebnis der Durchführung: (max. 100 Punkte) [ ] Feld 2

Lfd. Nr.	**Kontrolle**		Zwischen- ergebnisfeld		Divisor	Ergebnis- feld	Gewich- tungsfaktor	Zwischen- ergebnis
1	Prüfprotokoll	Blatt 2 von 4	K1				1	

Ergebnis der Kontrolle: (max. 100 Punkte) [ ] Feld 3

Berechnung des Ergebnisses:

Lfd. Nr.	**Handlungszyklen**	Ergebnisübertrag Punkte		Gewich- tungsfaktor	Zwischen- ergebnis
1	Planung	Feld 1		0,10	
2	Durchführung	Feld 2		0,80	
3	Kontrolle	Feld 3		0,10	

Ergebnis der praktischen Aufgabenstellung: (max. 100 Punkte) [ ] Punkte

Die Ergebnisse müssen unbedingt auf ganze Zahlen kaufmännisch gerundet in die unten stehenden Felder übertragen werden.

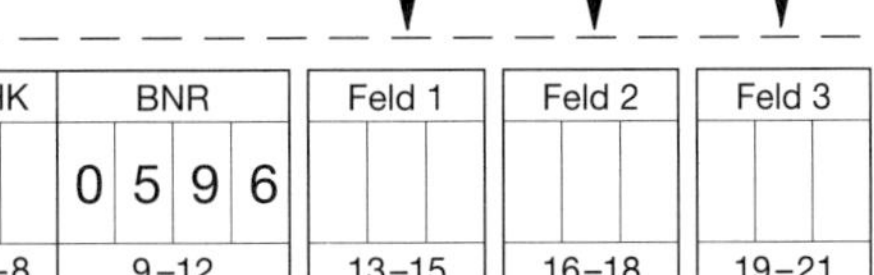

KA	PR-TER	IHK	BNR	Feld 1	Feld 2	Feld 3
9 9 8	M X X		0 5 9 6			
1–3	4–6	7–8	9–12	13–15	16–18	19–21
				max. 100	max. 100	max. 100

Die Ergebnisse bitte rechtsbündig und ohne Dezimalstelle eintragen!

 M 0596 W1 -pk-rot-151014 -1-(2)

Berechnung des Ergebnisses der Abschlussprüfung Teil 1 – Musterprüfung

Lfd. Nr.	Teile der Abschlussprüfung Teil 1	Ergebnis-übertrag Punkte	Gewich-tungs-faktor	Zwischen-ergebnis Punkte
1	Praktische Aufgabenstellung		0,5	
2	Schriftliche Aufgabenstellungen		0,5	
			Ergebnis der Abschlussprüfung Teil 1: (max. 100 Punkte)	Summe

Praktische Aufgabenstellung:
Ergebnisermittlung auf der Vorderseite dieses Blatts

Schriftliche Aufgabenstellungen:
Ergebnisermittlung auf dem grau-weißen Markierungsbogen

Datum Prüfungsausschuss

Dieser Ablochbeleg muss spätestens am xx.xx.20xx bei der Industrie- und Handelskammer Region Stuttgart, Prüfungsaufgaben- und Lehrmittelentwicklungsstelle (PAL), Jägerstraße 30, 70174 Stuttgart, eingegangen sein.

-2-(2) M 0596 W1-pk-rot-180214

Die Erstellung von Prüfungsaufgaben unterliegt einem kontinuierlichen Verbesserungsprozess. Ziel ist es, die Qualität der Prüfungen aktuell und für die Zukunft sicherzustellen und Verbesserungen für zukünftige Prüfungen abzuleiten.
Daher wird nach jeder Prüfung anhand einer statistischen Auswertung untersucht, wie die einzelnen Prüfungsaufgaben gelöst wurden und wie sich die Prüfungsergebnisse auf die verschiedenen Notenstufen verteilen.

4.1 Stellungnahme des Prüfungsausschusses

Der Prüfungsausschuss hat über ein **„Onlineformular"** die Möglichkeit, eine Stellungnahme zur gelaufenen Prüfung abzugeben (die Zugangsdaten sind über die örtliche, zuständige Industrie- und Handelskammer/Handwerkskammer erhältlich).
Die Rückmeldungen der Prüfungsausschüsse zu den schriftlichen Aufgabenstellungen und zur praktischen Aufgabenstellung werden zentral erfasst und an die PAL gesendet. Dort werden die Hinweise gebündelt und den erstellenden Gremien zur Beratung vorgelegt. Eine Stellungnahme des Erstellerausschusses zu den einzelnen Rückmeldungen wird den Industrie- und Handelskammern/Handwerkskammern über einen „geschützten Bereich" online zur Verfügung gestellt. Diese verteilen sie an die örtlichen Prüfungsausschüsse. Somit sind auch die Prüfungsausschüsse Teil des Qualitätszirkels und tragen durch ihre Erfahrungen zu einer ständigen Prozessoptimierung bzw. zur Qualitätssicherung bei.

Da zu dem Zeitpunkt des Eingangs der Stellungnahmen die nächsten Prüfungen bereits fertig erstellt sind, können eventuelle Änderungswünsche der örtlichen Prüfungsausschüsse frühestens ein Jahr nach der „Abgabe" der Stellungnahmen in die neu zu erstellenden Prüfungen eingehen. Eine sofortige Anpassung/Umsetzung ist aufgrund des Vorlaufs bei der Erstellung der Prüfungsaufgaben nicht möglich.